U0224616

XINSHIQI SHUIDIAN GONGCHENG YIMIN
ANZHI SHIJIAN YU TANSUO
——YI SICHUAN SHEZANG DIQU WEI LI

新时期水电工程移民安置实践与探索
——以四川涉藏地区为例

徐静　刘建　秦其江　郭万侦　陈敬　等　著

中国水利水电出版社
www.waterpub.com.cn
·北京·

内 容 提 要

本书以雅砻江两河口水电站移民安置工作的成功经验为基础，对四川涉藏地区移民安置特点和重难点进行了深入细致的研究，对各阶段移民安置工作实践情况进行了系统的梳理和总结，提出了移民安置工作体制、机制以及政策边界的探索建议。全书共 7 章，包括绪论、移民安置特点、移民安置重点与难点、移民安置实践、移民安置工作启示、移民安置探索、结论与展望等内容，具有较高的理论与实践指导价值。

本书可供从事水电工程建设征地移民安置工作的政府管理、规划设计、工程建设管理等人员及理论研究者阅读，也可作为移民干部及相关工作人员的培训教材。

图书在版编目（CIP）数据

新时期水电工程移民安置实践与探索 ：以四川涉藏
地区为例 / 徐静等著. -- 北京 ： 中国水利水电出版社，
2024.5
　　ISBN 978-7-5226-2092-3

Ⅰ. ①新… Ⅱ. ①徐… Ⅲ. ①水利水电工程－移民安
置－研究－四川 Ⅳ. ①D632.4

中国国家版本馆CIP数据核字(2024)第015173号

书　　名	新时期水电工程移民安置实践与探索 ——以四川涉藏地区为例 XINSHIQI SHUIDIAN GONGCHENG YIMIN ANZHI SHIJIAN YU TANSUO——YI SICHUAN SHEZANG DIQU WEI LI
作　　者	徐静　刘建　秦其江　郭万侦　陈敬　等著
出版发行	中国水利水电出版社 （北京市海淀区玉渊潭南路 1 号 D 座　100038） 网址：www. waterpub. com. cn E - mail：sales@mwr. gov. cn 电话：(010) 68545888（营销中心）
经　　售	北京科水图书销售有限公司 电话：(010) 68545874、63202643 全国各地新华书店和相关出版物销售网点
排　　版	中国水利水电出版社微机排版中心
印　　刷	北京印匠彩色印刷有限公司
规　　格	170mm×240mm　16 开本　11.5 印张　213 千字
版　　次	2024 年 5 月第 1 版　2024 年 5 月第 1 次印刷
印　　数	0001—1000 册
定　　价	**68.00 元**

凡购买我社图书，如有缺页、倒页、脱页的，本社营销中心负责调换

版权所有·侵权必究

《新时期水电工程移民安置实践与探索
——以四川涉藏地区为例》

编撰人员名单

徐　静	刘　建	秦其江	郭万侦	陈　敬
黄　谨	杨智慧	李湘峰	干尚伟	伍　冬
张　波	周　亮	张江平	余　波	陆　山
刘玉颖	孟　顺	郭瑾瑜	徐露珮	肖元良
张华山	庄　坤	冯琳玲	梁　炎	胡　翌

编撰单位

水电水利规划设计总院

雅砻江流域水电开发有限公司

中国电建集团成都勘测设计研究院有限公司

序

　　移民安置是水电工程建设的重要组成部分，妥善安置移民，是我国水电开发的关键问题之一。近几十年来，我国水电工程建设迅猛发展，国家和各省（自治区）高度重视移民工作，在不同时期制定了一系列的方针政策和规程规范，有力推动了移民安置和水电事业的发展。随着水电建设向各大流域中上游推进，建设征地涉及地形地质条件差、人地矛盾突出、居民收入构成特殊、民俗文化特色鲜明的涉藏地区，移民安置难度越来越大。未来十年是我国水电工程又一个快速发展时期，在我国迈上全面建设社会主义现代化国家新征程的新时期，如何顺利推进移民安置工作，有必要坚持守正创新、问题导向，总结实践经验，探索创新有效的移民安置工作方法。

　　《新时期水电工程移民安置实践与探索——以四川涉藏地区为例》对四川涉藏地区移民安置工作特点和重难点进行了深入的探讨，对移民安置工作实践情况进行了系统的梳理和总结，也结合当前的热点问题提出了新时期水电工程移民安置的探索方向和思路。

　　第一，该书系统性地总结了四川涉藏地区的社会经济特点，以及移民安置工作的特点和重难点。涉藏地区区域地形地质条件差、人地矛盾突出、居民收入构成特殊、民俗文化特色鲜明，移民工作的重难点主要为移民生产生活的恢复与发展、宗教文化设施的恢复与重构、基础设施和公共服务设施的建设与行业规划衔接、移民干部队伍的建设和业务培训、移民工程建设模式的确定、移民诉求处理与政策宣传等。

第二，该书从前期规划、安置实施、后续发展三个部分十八个方面的政策规定、面临困境、实践情况及实践效果，系统性地总结了四川涉藏地区移民安置工作实践，并从体制机制建设、移民安置方案拟定、补偿项目和标准确定、移民工程建设管理、移民安置实施管理、宗教活动场所的恢复与重构、后续发展等方面提出了新时期移民安置工作的启示。

　　第三，该书结合当前的热点问题提出了新时期水电工程移民安置的探索方向和思路，主要包括探索前置工作顺序、促进移民意愿锁定，探索完善政策边界、推广逐年货币补偿方式，探索衔接行业要求、推动基础设施建设，探索制定实施细则、推动水电开发利益共享，探索完善政策机制、推动移民工程验收移交，探索高效工作机制、促进移民工作高质完成，探索预留发展空间、保障移民后续发展几部分。

　　目前，我国尚无系统总结涉藏地区水电移民安置工作实践的书籍，该书以四川涉藏地区为例，全面、系统地总结了涉藏地区水电移民安置工作的特点、重难点、问题、措施及效果，提出了新时期水利水电工程移民安置的探索方向和思路，具有重要的实践性，可为全国涉藏地区水电开发及移民事业提供借鉴和启示，有利于我国移民工作的推进。

　　祝贺该书的出版，也希望更多专家学者共同关注我国水利水电移民工作，从而涌现更多的佳作。

　　是为序。

2024 年 4 月

前言

　　2006年，四川省雅砻江两河口水电站正式启动了可行性研究工作，项目法人单位雅砻江流域水电开发有限公司（以下简称"雅砻江公司"）始终坚持"创国家级民族团结进步示范集体"目标，结合《关于做好水电开发利益共享工作的指导意见》（发改能源规〔2019〕439号）要求，按照"建设一座电站、带动一方发展、造福一方百姓、促进一方和谐"思路，将企业的社会责任贯穿于两河口水电站建设中，持续开展了以"同心同向同行、共建共荣共赢"为主题的民族团结进步活动，带动了当地经济和产业发展，促进了群众就业及脱贫奔小康，实现了人民共享国家发展成果，保障了建设区域可持续发展与稳定，助力美丽繁荣和谐四川建设。首先是科学规划作引领，在移民安置前期规划时开展农村移民安置方式、补偿补助项目体系、寺院等宗教设施处理等一系列针对涉藏地区移民安置特点和难点的课题研究工作，拟定了适合涉藏地区的移民安置方案、补偿补助体系，制定合适的补偿补助标准；同时，结合地方经济发展，有效衔接地方行业规划，库区交通干线复建规划设计等级从四级提升为三级，路面从泥结石碎石路面提升为沥青混凝土路面；科学规划了库周电力通信网络；尊重民族宗教文化传承保护，规划新建了扎巴文化馆，复建了寺庙、宗教活动点等宗教设施。其次是精准实施作保障，在移民安置实施中精准施策，移民工程复建采取总承包或代建，寺院和宗教活动场所采取自建的建设模式；构建项目法人与地方政府、移民工程实施单位三同时工作机制，全面深入参与，科学有序推进移民安置各项工作；同时，充分结合《关于做好水电开发利益共享工作的指导意见》（发改能源规〔2019〕439号），集镇迁建规划时，将学校、卫生院等公共设施房屋补偿标准从现状砖木结构调整为符合行业建设标准的框架结构，并增加了保温节能、风貌建设、超深基础等补助费用，新增了幼儿园、社区服务中心、集贸市场等公共设施，极大改善了当地的办公、就学、就医等条件。

2020年8月，两河口水电站顺利通过工程蓄水移民安置验收，各方高度赞扬两河口水电站移民安置工作取得的突出成绩，四川省原扶贫开发局更是将两河口水电站作为四川省移民安置工作的样板工程，电站移民安置工作顺利推进，实现了移民安置与脱贫攻坚的双重目标，其经验值得借鉴，做法值得推广。

为总结两河口水电站移民安置工作的成功经验，推进雅砻江中上游涉藏地区大中型水电工程移民安置工作，为四川其他涉藏地区大中型水电工程移民安置提供参考和帮助，雅砻江公司委托水电水利规划设计总院开展了相关研究工作，拟从雅砻江两河口、牙根一级、孟底沟、杨房沟等水电工程实际情况出发，结合金沙江流域上游、大渡河流域上游涉藏地区移民安置工作开展情况，总结水电移民安置工作中的重难点，提出推动涉藏地区移民安置工作顺利进行的对策措施和建议，供移民管理机构、项目法人、综合设计、综合监理、独立评估等单位参考，促进依法依规、实事求是地解决涉藏地区移民安置工作中遇到的实际困难，有序推进开展移民安置工作，提高工作效率。

2020年11月，水电水利规划设计总院组织中国电建集团成都勘测设计研究院有限公司会同雅砻江公司成立了研究课题组，通过10余次集中办公、2次现场调研、3次专家咨询会议，形成了《四川涉藏地区水电工程移民安置实践与探索工作大纲》《〈四川涉藏地区水电移民安置实践与探索〉课题组第一次调研报告》《〈四川涉藏地区水电移民安置实践与探索〉课题组第二次调研报告》等课题研究成果，并于2023年2月完成了《四川涉藏地区水电工程移民安置实践与探索（审定本）》课题研究报告。

本书在《四川涉藏地区水电工程移民安置实践与探索（审定本）》基础上编制完成。全书共7章：第1章绪论，讲述了研究背景、范围与方法；第 2 章移民安置特点，梳理了四川涉藏地区水电开发总体情况，研究了区域社会经济特征和移民安置特点；第 3 章移民安置重点与难点，研究了移民生产生活恢复与发展、社会网络恢复与社区重建、基础设施和公共服务设施建设与行业规划衔接、移民安置实施管理、宗教文化的恢复与重构、移民诉求处理与政策宣传六个方面的重点与难点工作；第 4 章移民安置实践，系统梳理了四川省涉藏地区已建和在建水电工程在移民安置前期规划、安置实施、后续发展三个阶段的实践情况，并对其成功经验和存在不足进行了总结；第 5 章移民安置工作启示，从体制机制建设、移民安置方案拟定、补偿项目和标准确定、移民工程建设管理、移民安置实施管理、宗教活动场所的恢复与重构、后续发展七个方面总结了移民安置工作启示；第 6 章移民安置探索，提出了前置工作顺序、完善政策边界、衔接行业要求、制定实施细则、完善政策机制、建立高效工作机制、预留发展空间七个方面的建议；第 7 章结论与展望，对新时期、新常态下如何进一步又好又快地开展涉藏地区移民安置工作提出了未来展望。

本书在撰写过程中得到了四川省水利厅，四川省甘孜藏族自治州水利局、阿坝藏族羌族自治州水利局，四川省马尔康市、康定市金川县、丹巴县、小金县、泸定县、白玉县、巴塘县，西藏自治区水利厅，西藏自治区昌都市水利局，西藏自治区芒康县人民政府及相关部门，以及国能大渡河流域水电开发有限公司、华电国际电力股份有限公司四川分公司、华电金沙江上游水电开发有限公司、华能四川能源开发有限公司、大唐国际甘孜水电建设公司等单位的大力支持和指导，在此表示衷心的感谢。此外，还要特别感谢雅砻江公司的大力支持，为本书提供了基础资料、技术指导以及经费支持。

由于作者水平有限，加之时间仓促，本书难免存在疏漏或不足，敬请读者批评指正。

作者

2024 年 1 月

目录

第1章

绪　　论

1.1　研究背景

截至 2022 年年底，四川省涉藏地区的大中型水电工程主要包括雅砻江卡拉水电站以上至温波水电站共 16 级、大渡河大岗山水电站以上至下尔呷水电站共 14 级、金沙江奔子栏水电站以上至西绒水电站共 13 级，共 43 座，装机容量约 4500 万 kW；其中已建成投产的电站 10 座，在建电站 12 座，拟建电站 21 座。建设征地主要涉及四川省甘孜藏族自治州（以下简称"甘孜州"）的康定、泸定、丹巴、九龙、雅江、理塘、新龙、道孚、得荣、巴塘、白玉、德格、石渠 13 个县（市），阿坝藏族羌族自治州（以下简称"阿坝州"）的马尔康、小金、金川、阿坝 4 个县（市），凉山彝族自治州（以下简称"凉山州"）的木里藏族自治县（以下简称"木里县"），雅安市的石棉县，共 19 个县（市），涉及移民人口近 5 万人。

雅砻江两河口水电站是四川省涉藏地区已（在）建装机容量最大、投资最多、寺院等宗教设施处理最多的电站，是四川省首批试点并全面贯彻落实"先移民后建设"的大型水电项目。建设征地涉及甘孜州雅江、新龙、道孚、理塘 4 个县，具有涉藏地区移民人口多、搬迁范围大、基础设施复建规模大、项目法人代建移民工程规模大、移民安置难度大、社会稳定压力大、民族文化及寺院迁建情况特殊等特点，但在各级地方政府及参与各方共同努力下，在电站下闸蓄水前，全面完成了农村 7160 人搬迁安置和 6664 人生产安置工作（实施数据），高质量完成了 6 个集镇和 1 个居民点的建设并投入使用，全面完成 4 座寺院的迁建，全面完成等级公路、电力通信设施建设，以及库底清理

1

等工作，实现了"1 个杜绝、2 个满足、3 个没有、4 个百分之百"的目标，即：杜绝了"水赶人"的情况，满足脱贫攻坚要求、满足移民生产生活需要，没有过渡安置、没有搬迁滞后、没有拒迁返迁，分散安置百分之百完成、集中安置百分之百完成、生产安置百分之百完成、寺院迁建百分之百完成。

2020 年 8 月，两河口水电站顺利通过工程蓄水移民安置验收，各方高度赞扬两河口水电站移民安置工作取得的突出成绩，四川省原扶贫开发局更是将两河口水电站树立为四川省移民安置工作的样板工程，这得益于两河口水电站从前期规划阶段开展的一系列针对涉藏地区移民安置特点和难点的课题研究工作，拟定了适宜的安置方案和补偿体系。实施过程中，各方紧密配合，创新了工作组织模式和工作方法，采取了多种多样的措施和方法，有效解决了各类问题，确保了移民安置工作的顺利实施，其经验值得借鉴，做法值得推广。

2020 年 9 月，我国在第七十五届联合国大会上明确提出"双碳"目标，即中国力争 2030 年前二氧化碳排放达到峰值，努力争取 2060 年前实现碳中和目标。2021 年，十三届全国人大四次会议表决通过了《关于国民经济和社会发展第十四个五年规划和 2035 年远景目标纲要的决议》，明确提出建设雅砻江清洁能源基地，该基地是我国唯一超大型、互补型流域清洁可再生能源基地。2023 年 4 月，国家能源局以《国家能源局关于印发〈2023 年能源工作指导意见〉的通知》（国能发规划〔2023〕30 号），明确雅砻江流域水风光一体化基地为国家示范基地，要求加快推动流域清洁能源规划建设工作。2023 年 9 月，国家能源局印发《雅砻江流域水风光一体化基地规划》（国能发新能〔2023〕61 号），明确基地本阶段装机规模为 7800 万 kW，到 2035 年全面建成。在国家开发投资集团有限公司、各级地方政府的鼎力支持下，雅砻江公司发布了全国首个流域水风光一体化基地规划，开启了举世瞩目的伟大事业。随着基地规划发布，雅砻江公司打造世界最大水风光一体化基地的目标日渐清晰，重大机遇迎面而来，雅砻江流域清洁能源开发事业迎来历史性腾飞。

为助力国家"双碳"目标按期实现，大力推进雅砻江流域水风光一体化基地建设，根据各水电工程建设进展情况，高质量推进和完成移民安置各阶段工作任务势在必行。为推进雅砻江流域涉藏地区大中型水电工程移民安置实施工作，为四川省内其他涉藏地区大中型水电工程移民安置工作提供参考和帮助，本书拟从雅砻江中游、大渡河上游、金沙江上游多个已（在）建水电工程的实际情况出发，从政策规定、移民安置实践情况、解决移民安置实施问题的方法、提升工作效率的要点等方面进行分析、研究和总结，提出对策与建议。

1.2 研究范围

本书主要以雅砻江流域两河口水电站移民安置项目为切入点，选取了雅砻江流域中游、大渡河流域上游、金沙江流域上游、岷江黑水河流域的典型水电工程项目进行重点研究分析，主要研究范围（见表 1.1）如下。

表 1.1　　　　　　涉藏地区水电工程研究范围统计表

序号	研究范围	水电工程名称	涉及行政区域		重点研究对象
			四川省	西藏自治区	
1	雅砻江流域中游	两河口	雅江县、道孚县、新龙县、理塘县		√
2		牙根一级	雅江县		
3		牙根二级	雅江县		
4		楞古	雅江县、康定市		
5		孟底沟	雅江县、康定市、九龙县、木里县		√
6		杨房沟	九龙县、木里县		
7		卡拉	木里县		
8	大渡河流域上游	下尔呷	阿坝县		
9		巴拉	马尔康市		
10		达维	马尔康市		
11		卜寺沟	马尔康市		
12		双江口	马尔康市、金川县		√
13		金川	金川县		√
14		安宁	金川县		
15		巴底	金川县、丹巴县		
16		丹巴	丹巴县		
17		猴子岩	康定市、丹巴县、小金县		√
18		长河坝	康定市		√
19		黄金坪	康定市		
20		泸定	泸定县		√
21		硬梁包	泸定县		
22		大岗山	泸定县、石棉县		

序号	研究范围	水电工程名称	涉及行政区域		重点研究对象
			四川省	西藏自治区	
23	金沙江流域上游	岗托	德格县	江达县	
24		波罗	白玉县、德格县	江达县	
25		叶巴滩	白玉县	江达县	√
26		拉哇	巴塘县	芒康县	
27		巴塘	巴塘县	芒康县	
28		苏洼龙	巴塘县	芒康县	√
29		昌波	巴塘县	芒康县	
30	岷江黑水河流域	毛尔盖	黑水县、茂县		√

（1）雅砻江流域中游。雅砻江流域中游规划（已）建设的涉藏地区水电工程包括两河口、牙根一级、牙根二级、楞古、孟底沟、杨房沟、卡拉7座水电站，主要涉及四川省甘孜州康定、雅江、道孚、新龙、理塘、九龙6个县（市）以及凉山州木里县。通过项目代表性研讨确定，本书以两河口和孟底沟水电站为研究重点。

（2）大渡河流域上游。大渡河上游规划（已）建设的涉藏地区的水电工程包括下尔呷、巴拉、达维、卜寺沟、双江口、金川、安宁、巴底、丹巴、猴子岩、长河坝、黄金坪、泸定、硬梁包、大岗山15座水电站，主要涉及阿坝州马尔康、阿坝、金川、小金4个县（市），甘孜州康定、泸定、丹巴3个县（市）以及雅安市石棉县。通过项目代表性研讨确定，本书以双江口、金川、猴子岩、长河坝及泸定水电站为研究重点。

（3）金沙江流域上游。金沙江上游规划（已）建设的涉藏地区的水电工程包括岗托、波罗、叶巴滩、拉哇、巴塘、苏洼龙、昌波7座水电站，主要涉及甘孜州德格、白玉、巴塘3个县，西藏自治区（以下简称"西藏"）昌都市江达、芒康、贡觉3个县以及云南省迪庆藏族自治州（以下简称"迪庆州"）德钦县。通过项目代表性研讨确定，本书以叶巴滩和苏洼龙水电站为研究重点。

（4）岷江黑水河流域。鉴于岷江黑水河流域毛尔盖水电站位于四川涉藏地区，在移民搬迁安置与当地旅游发展结合方面特点突出，本书将岷江流域毛尔盖水电站纳入研究范围。

1.3　研究方法

（1）文献资料法。收集国家和四川省大型水利水电移民安置工作相关政策规定等文件，包括《大中型水利水电工程建设征地补偿和移民安置条例》（国务院令第 471 号颁布、国务院令第 679 号修订），四川省关于大中型水利水电工程移民规划工作、移民安置验收、设计变更、资金内部审计等方面的管理办法，以及典型项目移民安置相关资料，并对相关资料进行整理和分析。

（2）调研访谈法。与省、市（州）、县级人民政府，以及相关行业部门、各电站项目法人、移民综合设计、移民综合监理等各方进行座谈沟通，选取典型项目进行实地调研，了解雅砻江流域、大渡河流域、金沙江流域涉及涉藏地区水电工程移民安置工作实施情况、存在的问题及相应解决措施，并听取相关各方意见和建议。对两河口和孟底沟水电站进行重点调研，向实施相关方了解成功做法、经验，收集存在的问题及解决措施。

（3）专家咨询法。邀请水电工程移民安置行业的专家对工作大纲、研究报告进行讨论，充分听取专家的意见，并进行修改完善。

第 2 章

移 民 安 置 特 点

2.1 总体情况

2.1.1 雅砻江中游

雅砻江为金沙江第一大支流，发源于青海省玉树县境内的巴颜喀拉山南麓，自西北向东南流，在呷衣乡尼达村流入四川省，至雅江县汇集支流鲜水河后转向南流，至盐源县汇集支流小金河后折向东北方向绕过锦屏山，至巴折山形成长约 150km 的大河湾，在巴折山以下继续向南流，至小得石下游约 3km 处左岸有安宁河加入，至攀枝花市下游的俱果注入金沙江。雅砻江干流全长 1535km，天然落差 3830m，流域面积 13.6 万 km²，年径流量 609 亿 m³，水力资源技术可开发容量 3461.96 万 kW，技术可开发年发电量 1840.36 亿 kW·h，其中雅砻江干流技术可开发容量约 3000 万 kW，技术可开发年发电量约 1500 亿 kW·h，约占四川省的 24%，约占全国的 5%，装机规模位列我国十三大水电基地中的第三。从河流水电资源分布特点和开发利用条件看，以两河口、锦屏一级两大控制性水库为界，即两河口水电站库尾以上为上游，两河口库尾至锦屏一级水电站库尾为中游，锦屏一级水电站库尾至江口为下游。雅砻江流域初拟规划采用 22 级开发，总装机容量约为 3000 万 kW，其中上游 10 级，中游 7 级、下游 5 级。

雅砻江流域涉及涉藏地区的项目包括上游 10 级和中游 7 级，建设征地涉及行政区域主要为四川省甘孜州康定市、石渠县、德格县、甘孜县、新龙县、九龙县、雅江县、道孚县、理塘县，以及凉山州木里县。从区域分布分析，甘孜州涉及人口约 1.9 万人，约占流域涉及总人口的 27.58％；涉及耕（园）地约 2.3 万亩❶，约占流域涉及总耕（园）地的 35.19％。从安置人口分布来看，甘孜州生产安置人口约 1.62 万人，约占流域生产安置人口的 30.09％，搬迁安置人口约 1.86 万人，约占流域搬迁安置人口的 45.35％。从移民构成分析，在民族分布方面，随着水电开发向上游推进，雅砻江流域移民逐步从汉族聚集区向藏族聚集区延伸；初步估计，中游的凉山州移民中少数民族比例达到 35％，主要为彝族、藏族，上游的甘孜州移民中少数民族人口比例达到 80％以上，主要为藏族。从安置方式流域分布分析，上游的甘孜州区域社会经济发展较为缓慢，建设征地涉及农村人口主要为藏族，具有很强的康巴藏族特色，各村商品经济发展较为落后，水电移民生产安置方式以农业安置、逐年货币补偿安置、自行安置为主，二三产业安置和养老保障安置为辅，复合安置所占比重较小。

截至 2022 年年底，雅砻江上游规划的梯级水电站还处于前期准备工作中，中游水电站已建 2 座、在建 3 座，拟建 2 座，基本情况见表 2.1。根据《雅砻江流域水风光一体化基地规划》（国能发新能〔2023〕61号），雅砻江中游河段涉藏地区 7 级水电站分别为两河口（300 万 kW）、牙根一级（30 万 kW）、牙根二级（220 万 kW）、楞古（150 万 kW）、孟底沟（240 万 kW）、杨房沟（150 万 kW）、卡拉（102 万 kW），装机容量合计 1192 万 kW。

（1）两河口水电站。两河口水电站是雅砻江中游规划的"龙头"水库电站，坝址位于四川省甘孜州雅江县境内，水库总库容 107.67 亿 m^3，调节库容 65.6 亿 m^3，具有多年调节性能，电站装机容量 300 万 kW，多年平均年发电量 110 亿 kW·h。两河口水电站于 2014 年核准开工，2015 年大江截流，2021 年首批机组发电。

根据审核的移民安置规划，两河口水电站建设征地移民影响涉及雅江、理塘、新龙、道孚 4 县 20 个乡 82 个行政村，主要涉及各类土地 18.71 万亩，人口 6287 人，各类房屋面积 125.03 万 m^2，零星林木 13.67 万株，涉及集镇 6 座，专业项目主要涉及等级公路 191.47km、汽车便道 63km、输电线路 160.32km、通信线路 229.83km、通信基站 11 座、寺院 4 座，企事业单位 5 家。规划生产安置 5953 人，采取逐年货币补偿安置 5520 人、自行安置 401 人、农业安置 32 人；规划搬迁安置 6874 人，采取分散安置 4808 人、居民点集中安置 563 人、城集镇安置 1503 人。

---

❶ 1 亩 ≈ 666.67m^2。

表 2.1　雅砻江中游各梯级电站移民安置基本概况

序号	项目名称	涉及行政区域	主要实物指标						安置任务		移民安置方式							
			人口/人	耕（园）地/亩	城集镇/座	寺院/座	重要专项		生产安置人口/人	搬迁安置人口/人	生产安置/人					搬迁安置/人		
							等级公路/km	企事业单位/家			农业安置	逐年货币补偿安置	养老保障安置	自行安置	复合安置	居民点集中安置	分散安置	城镇集中安置
1	两河口	甘孜州雅江县、新龙县、道孚县、理塘县	6287	5770.36	6	4	191.47	5	5953	6874	32	5520		401		563	4808	1503
2	牙根一级	甘孜州雅江县	334	375.39	1		4.98	6	574	346		574					346	
3	牙根二级	甘孜州雅江县	2634	2698.3	3		41.92	2	1368	2439								
4	楞古	甘孜州康定市、雅江县	3013	3157.85	4	1	44.59	3	2187	2756								
5	孟底沟	甘孜州康定市、雅江县、九龙县、凉山州木里县	170	810.88			8.40		458	194	16	407		35			194	
6	杨房沟	甘孜州九龙县、凉山州木里县	612	1168.44			6.11	3	838	666	818			20		204	462	
7	卡拉	凉山州木里县	1006	823.56	1			3	610	1123	563			47			1051	72

（2）牙根一级水电站。牙根一级水电站是雅砻江中游规划的第 2 级电站，坝址位于四川省甘孜州雅江县境内，是两河口水电站的反调节电站，工程开发任务以发电为主。水库总库容 0.41 亿 m³，调节库容 0.19 亿 m³，电站装机容量 30 万 kW，多年平均年发电量 11.53 亿 kW·h。牙根一级水电站于 2023 年核准开工。

根据审核的移民安置规划，牙根一级水电站建设征地涉及雅江县 2 个镇 5 个行政村，主要涉及各类土地 5402.95 亩，人口 334 人，各类房屋面积 19.24 万 m²；零星林木 37164 株，专业项目主要涉及三级公路 1.2km、四级公路 3.78km、汽车便道 2.59km、吊桥 3 座、人行道 2.53km、通信线路 18.83 km、35kV 输电线路 3.79 km、10kV 输电线路 3.41 km、国家永久性测量标志（二等）1 座、文物点 3 处，涉及企事业单位 6 家。规划生产安置人口 574 人，全部采用逐年货币补偿方式；规划搬迁安置人口 346 人，全部采用分散安置。

（3）牙根二级水电站。牙根二级水电站是雅砻江中游规划的第 3 级电站，坝址位于四川省甘孜州雅江县境内，工程开发任务以发电为主。水库总库容 9.91 亿 m³，电站装机容量 220 万 kW，多年平均年发电量 84.89 亿 kW·h。牙根二级水电站于 2023 年启动可行性研究报告阶段勘测设计工作。

（4）楞古水电站。楞古水电站是雅砻江中游河段规划的第 4 级电站，坝址位于四川省甘孜州雅江县境内，工程开发任务以发电为主，初拟电站装机容量 150 万 kW。截至 2023 年年底，楞古水电站正在开展预可行性研究阶段勘测设计工作。

（5）孟底沟水电站。孟底沟水电站是雅砻江中游规划的第 5 级电站，坝址位于四川省甘孜州九龙县与凉山州木里县交界处，工程开发任务以发电为主。水库总库容 8.85 亿 m³，调节库容 0.86 亿 m³，电站装机容量 240 万 kW，多年平均年发电量 104 亿 kW·h。孟底沟水电站于 2021 年年底核准，2022 年开工。

根据审核的移民安置规划，孟底沟水电站建设征地涉及四川省凉山州木里县和甘孜州雅江县、康定市、九龙县，共 4 县（市）5 个乡 12 个行政村，主要涉及各类土地 26348.44 亩，人口 170 人，各类房屋面积 107789.02m²，零星林木 3297 株，专业项目主要涉及汽车便道 5.00km、通村公路 8.40km、机耕道 1.00km、吊桥 2 座、驿道 44.34km、文物古迹 9 处。规划生产安置人口 458 人，采用逐年货币补偿安置 407 人、农业安置 16 人、自行安置 35 人；规划搬迁安置人口 194 人，均采用分散安置。

（6）杨房沟水电站。杨房沟水电站是雅砻江中游规划的第 6 级电站，坝址位于四川省凉山州木里县境内，工程开发任务以发电为主。水库总库容 5.12 亿 m³，调节库容 0.54 亿 m³，电站装机容量 150 万 kW，多年平均年发电量 69 亿 kW·h。杨房沟水电站于 2015 年核准开工，2016 年大江截流，2021 年首台机组发电。

根据审核的移民安置规划，杨房沟水电站建设征地涉及凉山州木里县和甘孜州九龙县两州两县的 4 个乡 8 个行政村，主要涉及各类土地 19132 亩，人口 612 人，各类房屋面积 6.9 万 m²，专业项目主要涉及汽车便道 6.11km、机耕道 3.59km、骡马驿道 91.16km、河溜索 4 处、10kV 输电线路 1.26km、各类光缆线路 5.03km、中国移动基站 1 处、文物 1 处等。规划生产安置人口 838 人，采取农业安置 818 人、自行安置 20 人。规划搬迁安置人口 666 人，采取居民点集中安置 204 人、分散安置 462 人。

（7）卡拉水电站。卡拉水电站是雅砻江中游规划的第 7 级水电站，坝址位于四川省凉山州木里县境内，工程开发任务以发电为主。水库总库容 2.38 亿 m³，调节库容 0.36 亿 m³，电站装机容量 102 万 kW，多年平均年发电量 45 亿 kW·h。卡拉水电站于 2020 年核准开工。

根据审定的移民安置规划重编报告，卡拉水电站建设征地涉及凉山州木里县的 2 个乡（镇）8 个行政村，主要涉及各类土地 16333.07 亩，人口 1006 人，各类房屋面积 76652.37m²，涉及集镇 1 座，专业项目主要涉及汽车便道 35.8km、10kV 输电线路 2km、架空光缆线路 36km、基站 1 个、水电站 1 座 110kW、文物 3 处，涉及企事业单位 3 家。规划生产安置人口 610 人，采取农业安置 563 人、自行安置 47 人；规划搬迁安置人口 1123 人，采取城集镇安置 72 人、分散安置 1051 人。

2.1.2　大渡河上游

大渡河是岷江的最大支流，发源于青海省境内的果洛山南麓，分东、西两源，东源为足木足河，西源为绰斯甲河，东源为主流，两源在阿坝州双江口汇合后始称大渡河。大渡河干流全长 1062km，天然落差 4175m，流域面积 7.74 万 km²，水能资源理论蕴藏量 2083 万 kW，是国家规划的十三大水电基地之一。按河道特征及降雨特性区分，大渡河泸定以上河段为上游，泸定—铜街子为中游，铜街子以下为下游；从上游至下游流经四川省的阿坝州、甘孜州、雅安市、凉山州、乐山市，其中涉及涉藏地区的主要为阿坝州、甘孜州，共规划 13 座电站。

大渡河上游 13 个梯级电站建设征地涉及行政区域包括四川省阿坝州马尔康市、阿坝县、金川县、小金县，以及甘孜州康定市、泸定县、丹巴县。

从区域分布分析，上游的阿坝州涉及人口约 1.66 万人，约占流域涉及总人口的 9.72%，涉及耕（园）地约 2.68 万亩，约占流域涉及总耕（园）地的 17.83%；上游的甘孜州涉及人口约 1.37 万人，约占流域涉及总人口的 7.99%，涉及耕（园）地约 1.67 万亩，约占流域涉及总耕（园）地的 11.13%。从安置人口分布来看，上游的阿坝州生产安置人口约 1.24 万人，约占流域生产安置人口的 8.76%，搬迁安置人口约 1.63 万人，约占流域搬迁安置人口的 10.89%；上游的甘孜州生产安置人口约 1.24 万人，约占流域生产安置人口的 8.71%，搬迁安置人口约 1.56 万人，约占流域搬迁安置人口的 10.37%。在民族分布方面，随着水电开发向上游推进，大渡河流域移民逐步从汉族聚集区向藏族聚集区延伸，甘孜州移民中少数民族比例达到 70% 以上，主要为藏族，阿坝州移民中少数民族比例达到 97% 以上，基本上都为藏族。从安置方式流域分布分析，上游的甘孜州、阿坝州片区社会经济发展较为落后，后备耕地资源匮乏，基础设施配套不完善，藏族移民居多，水电移民生产安置方式以农业安置、自行安置、逐年货币补偿安置为主，复合安置、养老保障安置为辅。

大渡河上游 13 个梯级电站中，阿坝州所辖区域内规划 8 座梯级电站，总装机容量 595.86 万 kW，占全流域 22.2%，自上而下分别为下尔呷、巴拉、达维、卜寺沟、双江口、金川、安宁、巴底电站；甘孜州所辖区域内规划 5 座梯级电站，总装机容量 838.26 万 kW，占全流域 31.3%，自上而下分别为丹巴、猴子岩、长河坝、黄金坪、泸定水电站。截至 2022 年年底，已投产电站 4 座，包括泸定、黄金坪、长河坝、猴子岩水电站；在建电站 3 座，包括金川、双江口、巴拉水电站；其余 6 个水电站正在开展前期工作。

（1）下尔呷水电站。下尔呷水电站位于四川省阿坝州阿坝县境内脚木足河上，为大渡河干流规划的第 1 个梯级，开发任务是以发电为主，兼顾防洪，并促进地方经济社会发展。水库总库容 28 亿 m³，调节库容 19.3 亿 m³，电站装机容量 54 万 kW，多年平均年发电量 22.21 亿 kW·h。电站预可行性研究报告于 2011 年通过审查，正在开展前期工作。

（2）巴拉水电站。巴拉水电站为大渡河干流规划的第 2 个梯级，坝址位于足木足河日部乡巴拉上游峡谷段内，工程开发任务以发电为主。水库总库容 1.28 亿 m³，电站装机容量 72 万 kW，多年平均年发电量 30.8 亿 kW·h，于 2018 年核准，2020 年年底开工建设。

根据审核的移民安置规划，建设征地涉及四川省阿坝州马尔康县、阿坝县的 2 个乡 5 个行政村，主要涉及土地 9702 亩，人口 27 人，各类房屋面积 3269m²，专业项目主要涉及机耕道 0.05km、人行吊桥 2 座（124m）、小水电站 1 座（28kW）、文物古迹 1 处等。规划生产安置人口 117 人，采取农业安置 84 人，养老保障安置 32 人，自行安置 1 人。规划搬迁安置人口 30 人，全部采取后靠分散安置。

（3）达维水电站。达维水电站为大渡河干流规划的第 3 个梯级，坝址位于足木足河达维乡下游宝岩附近，工程开发任务以发电为主。水库总库容 1.76 亿 m³，装机容量 30 万 kW，多年平均年发电量为 13 亿 kW·h。水电站预可行性研究报告于 2010 年通过审查，预计于 2025 年核准开工，2030 年左右建成发电。

（4）卜寺沟水电站。卜寺沟水电站为大渡河干流规划的第 4 个梯级，坝址位于茶堡河口上游约 9.2km 河段，工程开发任务以发电为主。水库总库容 2.46 亿 m³，装机容量 36 万 kW，多年平均年发电量为 16.4 亿 kW·h。电站预可行性研究报告于 2008 年通过审查，预计于 2025 年核准开工，2030 年左右建成发电。

（5）双江口水电站。双江口水电站为大渡河干流规划"3 库 22 级"的第 5 个梯级，坝址位于足木足河与绰斯甲河汇口以下约 2km 河段，采取坝式开发，土心墙堆石坝坝高 314m，居世界同类坝型的第一位，是大渡河干流上游的控制性水库工程，具有发电和防洪功能。水库总库容 31.15 亿 m³，调节库容 21.52 亿 m³，电站装机容量为 200 万 kW，多年平均年发电量为 83.41 亿 kW·h。电站于 2015 年正式开工，预计 2024 年全部建成发电。建成后的双江口水电站预计增加大渡河下游全梯级年发电量 35 亿 kW·h。

根据移民安置规划修编报告，双江口水电站建设征地涉及马尔康市、金川县 2 个县（市）10 个乡（镇）35 个行政村；主要涉及土地面积 71239.27 亩，人口 5515 人，各类房屋面积 59.43 万 m²，各类零星树木 32.26 万株（丛），农村微型水电站 7 座装机容量 423.8kW，涉及集镇 2 座，专业项目主要涉及三级公路 69.06km、四级公路 46.61km、大中型桥梁 6 座、110kV 输电线路 10.9km、35kV 输电线路 110.5km、10kV 输电线路 191.6km、小型水电站 4 座（装机容量 20200kW）、变电站 5 座、变压器 65 座、通信光缆 253.07km、电缆 27.26km，涉及企事业单位 43 家等。规划生产安置人口 5248 人，采取逐年货币补偿 5019 人，自行安置 229 人；规划搬迁安置人口 4597 人，采取居民点集中安置 150 人，城集镇安置 1980 人，分散安置 2467 人。

（6）金川水电站。金川水电站为大渡河干流规划"3 库 22 级"的第 6

个梯级，坝址位于金川县城上游的新扎沟附近，其开发任务以发电为主，对双江口水电站进行反调节，并促进地方社会经济发展。水库总库容 4.65 亿 m³，调节库容 0.488 亿 m³，电站装机容量 86 万 kW，与双江口水电站联合运行时的多年平均年发电量 31.53 亿 kW·h。电站于 2018 年通过核准，2019 年开工建设，预计 2024 年建成发电。

根据移民安置规划修编报告，建设征地涉及金川县和马尔康市 2 个市（县）6 个乡 13 个行政村，主要涉及土地面积 20160.16 亩，人口 2605 人，各类房屋面积 28.40 万 m²，各类零星林木 29.79 万株，涉及集镇 2 座，专业项目主要涉及三级公路 29.7km、10kV 及以上输电线路 121.15km、通信及广播光电缆 200.88km、小水电站 2 座等。规划生产安置人口 2624 人，采取逐年货币补偿安置 2347 人、复合（逐年货币补偿加少土）安置 247 人、自行安置 30 人；规划搬迁安置人口 2665 人，其中居民点集中安置 1119 人、分散安置 1546 人。

（7）安宁水电站。安宁水电站为大渡河干流规划"3 库 22 级"的第 7 个梯级，坝址位于色斯满沟下游约 300m 处，距上游金川县城约 27km，距下游丹巴县城约 66km，开发任务以发电为主，并促进地方经济发展。水库总库容 1.29 亿 m³，电站装机容量 38 万 kW，多年平均年发电量 15.7 亿 kW·h。截至 2023 年年底，电站正在开展可行性研究报告阶段勘测设计工作。

（8）巴底水电站。巴底水电站为大渡河干流规划"3 库 22 级"的第 8（1）个梯级，坝址位于骆驼沟上游约 800m 处，距下游丹巴县城约 31km，距上游金川县城约 62km，工程开发任务以发电为主，并促进地方经济社会发展。水库总库容 2.13 亿 m³，调节库容 0.39 亿 m³，电站装机容量 72 万 kW，多年平均年发电量 34.72 亿 kW·h。电站预可行性研究于 2010 年通过审查，截至 2023 年年底，电站正在开展可行性研究报告阶段勘测设计工作。

（9）丹巴水电站。丹巴水电站为大渡河干流规划"3 库 22 级"的第 8（2）个梯级，位于四川省甘孜州丹巴县境内，厂址位于大渡河左岸支流小金河的河口上游约 400m，电站是以发电为主的大型水电工程，具有日调节性能。水库总库容 0.5 亿 m³，调节库容 0.11 亿 m³，电站装机容量 200 万 kW，多年平均年发电量 50 亿 kW·h。电站预可行性研究报告于 2010 年通过审查，截至 2023 年年底，正在开展可行性研究报告阶段勘测设计工作。

（10）猴子岩水电站。猴子岩水电站为大渡河干流规划"3 库 22 级"的第 9 个梯级，坝址位于四川省甘孜州康定市境内，坝址距上游丹巴县城约 47km，距下游泸定县城约 89km，工程开发任务以发电为主。水库总库容 7.06 亿 m³，调节库容 3.87 亿 m³，电站装机容量 170 万 kW，多年平均年发电量 70.15 亿 kW·h。工程于 2011 年核准并开工建设，2016 年下闸蓄水，2017 年首台机组投产。

根据审核的移民安置规划，建设征地共涉及四川省甘孜州康定县、丹巴县和阿坝州小金县 3 个县的 4 个乡 18 个行政村，主要涉及土地面积 27827.67 亩，人口 1937 人，各类房屋面积 16.53 万 m²；专业项目主要涉及三级公路 44.1km、机耕道 18.6km、35kV 输电线路 3.1km、10kV 输电线路 44.5km、变电站 1 座、通信光缆 161.2km、通信电缆 44.4km 等，涉及企业单位 11 家。规划生产安置 1679 人，采取农业安置 1270 人、养老保障安置 185 人、自行安置 224 人；规划搬迁安置 2094 人，采取 6 个居民点集中安置 1215 人，分散安置 879 人。

（11）长河坝水电站。长河坝水电站为大渡河干流规划"3 库 22 级"的第 10 个梯级，位于四川省甘孜州康定市境内，坝址位于大渡河上游金汤河口以下 4~7km 河段上，工程开发任务以发电为主。水库总库容 10.75 亿 m³，调节库容 4.15 亿 m³，电站装机容量 260 万 kW，多年平均年发电量 108.0 亿 kW·h。工程于 2010 年核准并开工，2017 年首台机组进入商业运行。

根据审核的移民安置规划，建设征地涉及四川省康定市 5 个乡（镇）16 个行政村，主要涉及土地面积 21750 亩，人口 1522 人，各类房屋面积 13.2 万 m²；专业项目主要涉及三级公路 37.2km、四级公路 5.1km、35kV 输电线路 1.1km、10kV 输电线路 40.2km、通信光缆 139 杆 km、小型水电站 4 座（总装机容量 1913kW）等，涉及企事业单位 24 家。规划生产安置人口 422 人，采取农业安置 178 人、养老保障安置 54 人、自行安置 42 人；规划搬迁安置人口 1629 人，采取居民点集中安置 1136 人，分散安置 493 人。

（12）黄金坪水电站。黄金坪水电站为大渡河干流规划"3 库 22 级"开发的第 11 个梯级，位于四川省甘孜州康定市境内，工程开发任务以发电为主。水库总库容 1.37 亿 m³，电站装机容量 85 万 kW，多年平均年发电量 38 亿 kW·h。电站于 2011 年 2 月通过核准并开工建设，2015 年 8 月，左岸大厂房第一台机组发电；2015 年 12 月，左岸大厂房剩余 3 台机组全部投产发电。

根据移民安置总体规划调整报告，建设征地涉及康定县 4 个乡 8 个行政村，主要涉及土地面积 8056.25 亩，人口 1703 人，各类房屋面积 9.64 万 m²，涉及集镇 1 座；专业项目主要涉及三级公路 8.6km、四级公路 2.68km、工矿企业 5 家、35kV 输电线路 6.5 杆 km、10kV 输电线路 24.86 杆 km、通信光缆 51.3km、姑咱地震台 1 座、水运设施 8 处等。规划生产安置 1567 人，采取逐年货币补偿安置 48 人、农业安置 850 人、养老保障安置 4 人、复合安置 382 人、自行安置 283 人。规划搬迁安置 1437 人，采取居民点集中安置 1288 人、分散安置 149 人。

（13）泸定水电站。泸定水电站为大渡河干流规划"3 库 22 级"的第 12 个梯级，位于四川省甘孜州泸定县境内，坝址距下游泸定县城 2.5km。工程开发任务以发电为主。水库总库容 2.2 亿 m^3，调节库容 0.22 亿 m^3，电站装机容量 92 万 kW，多年平均年发电量 38 亿 kW·h。电站于 2009 年 3 月核准并开工建设，2011 年 10 月首台机组投产，2012 年 6 月全部机组投产。

根据审核的移民安置规划，建设征地范围涉及四川省甘孜州泸定、康定 2 个县（市）4 个乡（镇）8 个行政村，主要涉及土地面积 14840.02 亩，人口 3521 人，各类房屋面积 32.85 万 m^2，涉及集镇 1 座，专业项目主要涉及等级公路 24.64km、220kV 输电线路 3.95km、35kV 输电线路 6.11km、10kV 输电线路 12.62km、水电站 2 座，涉及企事业单位 25 家。规划生产安置 3653 人，采取农业安置 1864 人、自行安置 1527 人、复合安置 262 人；规划搬迁安置 3627 人，采取 11 个居民点集中安置 3296 人、分散安置 331 人。

大渡河干流各梯级水电工程移民安置概况详见表 2.2。

2.1.3 金沙江上游

金沙江流域位于我国西南部，地属青藏高原、云贵高原和四川西部高山区，流域总面积 47.32 万 km^2，占长江流域总面积的 26.3%；总落差 5142m，占长江总落差的 95%，水力资源极为丰富，是我国重要的水电资源聚集地，也是"西电东送"工程中重要的水电开发基地。金沙江上游河段水电开发规划范围上起巴塘河口，下至奔子栏的干流河段，全长约 772km，天然落差 1516m，河道平均坡降 1.96‰。根据《金沙江上游水电规划报告》，巴塘河口到奔子栏长约 772km 的金沙江上游干流河段上规划了 13 个梯级水电站，均涉及四川涉藏地区，自上而下依次为西绒（川青段）、晒拉（川青段）、果通（川青段）、岗托（川藏段）、岩比（川藏段）、波罗（川藏段）、叶巴滩（川藏段）、拉哇（川藏段）、巴塘（川藏段）、苏洼龙（川藏段）、昌波（川藏段）、旭龙（川滇段）、奔子栏（川滇段），规划梯级总装机容量 13920MW，多年平均年发电量 642.29 亿 kW·h。

金沙江上游规划"一库十三级"电站在建 5 座，为叶巴滩、拉哇、巴塘、苏洼龙、旭龙，各项目基本情况见表 2.3；正在开展可行性研究勘测设计工作的 4 座，为昌波、岗托、波罗、奔子栏；西绒、晒拉、果通、岩比 4

表 2.2　大渡河干流各梯级水电工程移民安置概况

序号	项目名称	涉及行政区域	主要实物指标			重要专项		安置任务		移民安置方式							
										生产安置/人					搬迁安置		
			人口/人	耕(园)地/亩	城集镇/座	等级公路/km	企事业单位/家	生产安置人口/人	搬迁安置人口/人	农业安置	逐年货币补偿安置	养老保障安置	自行安置	复合安置	居民点集中安置	分散安置	城集镇安置
1	下尔呷	阿坝州阿坝县	3343	5349.7	3	91.12		2830	3922	2122		708			2403	1119	400
2	巴拉	阿坝州马尔康市	27	86.18				117	30	84		32	1			30	
3	达维	阿坝州马尔康市	1009	1383	1	36.3	11	1200	1511	965			235		748	763	
4	卜寺沟	阿坝州马尔康市	1209	1475				354	1026	300		54			107	751	168
5	双江口	阿坝州马尔康市、金川县	5515	11137	2	115.67	43	5248	4597		5019		229		150	2467	1980
6	金川	阿坝州金川县	2605	5270	2	29.7		2624	2665		2347		30	247	1119	1546	
7	安宁	阿坝州金川县	1532	1081.3				609	1582	423			186		1326	256	
8	巴底	阿坝州金川县、甘孜州丹巴县	1359	999.42			11	488	1403	327			161		1125	278	
9	丹巴	甘孜州丹巴县	1405	1468				680	1450	451			229		1145	305	
10	猴子岩	阿坝州小金县、甘孜州康定市、丹巴县	1937	2967.2		44.1	11	1679	2094	1270		185	224		1215	879	
11	长河坝	甘孜州康定市	1522	1209.9	1	42.3	24	422	1629	178		54	42		1136	493	
12	黄金坪	甘孜州康定市	1703	5394.2		11.28	5	1567	1437	850	48	4	283	382	1288	149	
13	泸定	甘孜州泸定县	3521	4105.9	1	24.64	25	3653	3627	1864			1527	262	3296	331	

资料来源：各水电项目移民安置规划报告、水力发电手册统计资料表。

座电站需进一步研究，尚未启动预可行性研究报告工作。

（1）岗托水电站。岗托水电站位于川藏界河金沙江上游河段，为规划的金沙江上游河段 13 个梯级电站中的第 4 级，上游为果通水电站，下游与岩比水电站衔接，坝址距四川德格县色曲河口约 8.4km，岗托水电站为金沙江上游河段控制性"龙头"水库，工程采用坝式开发，工程开发任务以发电为主，初拟装机容量 110 万 kW。电站预可行性研究报告于 2020 年通过评审，预计 2025 年核准开工，2032 年左右建成发电。

（2）波罗水电站。波罗水电站位于四川白玉县与西藏江达县境内的金沙江干流上，坝址区位于西藏江达县藏曲河口以上约 3km 河段上，为规划金沙江上游川藏段 13 个梯级电站中的第 6 级，下游与叶巴滩水电站衔接，工程开发任务以发电为主。水库总库容 6.22 亿 m^3，调节库容 0.88 亿 m^3，电站装机容量 96 万 kW，多年平均年发电量 43.6 亿 kW·h。电站预可行性研究报告于 2018 年 11 月通过评审，预计 2024 年核准开工，2030 年建成发电。

（3）叶巴滩电站。叶巴滩水电站位于金沙江干流上游，为金沙江上游河流规划 13 个梯级的第 7 梯级，上游为波罗电站，下游为拉哇电站，工程开发任务以发电为主。水库总库容 11.85 亿 m^3，调节库容 5.37 亿 m^3，装机容量 224 万 kW，多年平均年发电量 102 亿 kW·h。电站预可行性研究报告于 2011 年 11 月通过评审，已于 2016 年核准开工，预计 2025 年左右建成发电。

根据审核的移民安置规划，叶巴滩水电站建设征地涉及西藏江达县、贡觉县和四川省白玉县的 8 个乡 21 个行政村，主要涉及土地 37510.76 亩，人口 550 人，各类房屋面积 2.72 万 m^2，专业项目主要涉及等级公路 17.4km、10kV 及以上输电线路 12km、通信线路 12km、小水电站 1 座（100kW）等，涉及企事业单位 1 家。规划生产安置人口 664 人，采取逐年货币补偿安置 312 人，自行安置 352 人；规划搬迁安置人口 610 人，全部采取分散安置。

（4）拉哇水电站。拉哇水电站位于金沙江干流上游，为金沙江上游河流规划 13 个梯级的第 8 梯级，上游为叶巴滩电站，下游为巴塘电站，工程开发任务以发电为主。水库总库容 24.67 亿 m^3，调节库容 8.24 亿 m^3，电站装机容量 200 万 kW，多年平均年发电量 83.64 亿 kW·h。电站于 2019 年核准开工，2021 年大江截流。

根据审核的移民安置规划，建设征地涉及西藏自治区芒康、贡觉 2 县和四川省巴塘、白玉 2 县共 10 个乡 32 个行政村，主要涉及土地 53289.57

亩，人口 551 人，各类房屋面积 12.80 万 m²，专业项目主要涉及小水电站 1 座（200kW）、人行道 62km、人行吊桥 1 座（72m）等。规划生产安置人口 737 人，采取逐年货币补偿安置 261 人，自行安置 476 人；规划搬迁安置人口 598 人，全部采取分散安置。

（5）巴塘水电站。巴塘水电站位于金沙江干流上游，为金沙江上游河流规划 13 个梯级的第 9 梯级，上游为拉哇电站，下游为苏洼龙电站，工程开发任务以发电为主。水库总库容 1.58 亿 m³，调节库容 0.2 亿 m³，电站装机容量 75 万 kW，多年平均年发电量 30 亿 kW·h。2017 年 4 月，移民规划报告分别通过了西藏自治区水利厅和四川省原扶贫和移民工作局的审批；2017 年 10 月，项目通过国家发展和改革委员会核准；2020 年 12 月，项目实现大江截流，2023 年下闸蓄水发电。

根据审核的移民安置规划，建设征地涉及西藏芒康县和四川省巴塘县 4 个乡（镇）7 个行政村，主要涉及土地 10037.24 亩，人口 608 人，各类房屋面积 3.61 万 m²，专业项目主要涉及汽车便道 15.74km、10kV 输电线路 16.5km 等。规划生产安置人口 360 人，采取逐年货币补偿安置 126 人，自行安置 234 人；搬迁安置人口 644 人，全部采取分散安置。

（6）苏洼龙水电站。苏洼龙水电站位于金沙江干流上游，为金沙江上游河流规划 13 个梯级的第 10 梯级，上游为巴塘电站，下游为昌波电站，工程开发任务以发电为主。水库总库容 6.38 亿 m³，调节库容 0.84 亿 m³，电站装机容量 120 万 kW，多年平均年发电量 54.32 亿 kW·h。2017 年 11 月大江截流，2021 年下闸蓄水发电。

根据审核的移民安置规划，工程建设征地涉及西藏自治区昌都市芒康县和四川省甘孜州巴塘县 4 个乡 18 个行政村，主要涉及土地 34288.30 亩，人口 1371 人，各类房屋面积 11.86 万 m²，涉及集镇 2 座，专业项目主要涉及 G318 线 10.97km、四级公路 40.71km、机耕道 21.85km、10kV 输电线路 36.69km、通信线路 248.18km、未定级文物 7 处。规划生产安置 2243 人，采取逐年货币补偿安置 2128 人，自行安置 115 人；规划搬迁安置 1462 人，采取居民点集中安置 490 人、城集镇安置 197 人、分散安置 775 人。

（7）昌波水电站。昌波水电站位于金沙江干流上游，为金沙江上游河流规划 13 个梯级的第 11 梯级，上游为巴塘电站，下游为昌波电站，工程开发任务以发电为主。水库总库容 0.17 亿 m³，电站装机容量 82.6 万 kW，多年平均年发电量 44.68 亿 kW·h。2018 年 9 月，电站预可行性研究报告通过审查；电站于 2023 年通过核准。

（8）旭龙水电站。旭龙水电站位于金沙江干流上游，为金沙江上游河流规划 13 个梯级的第 12 梯级，上游为昌波电站，下游为奔子栏电站，工程开发任务以发电为主。水库总库容 8.47 亿 m^3，调节库容 0.8 亿 m^3，装机容量 240 万 kW，多年平均年发电量 105.14 亿 kW·h。2017 年 9 月，电站预可行性研究通过审查；电站于 2022 年通过核准。

根据审核的移民安置规划，建设征地涉及云南省迪庆州德钦县、四川省甘孜州得荣县和巴塘县、西藏自治区昌都市芒康县 3 个省（自治区）4 个县 6 个乡 23 个行政村和 3 个国有林场，主要涉及土地 32684 亩，人口 1549 人，各类房屋面积 25.65 万 m^2，专业项目主要涉及等级公路 22.53km 等。规划生产安置 1386 人，采取农业安置 864 人、逐年货币补偿安置 95 人、自行安置 145 人、复合安置 282 人；规划搬迁安置 1660 人，采取居民点集中安置 1146 人，分散安置 514 人。

（9）奔子栏水电站。奔子栏水电站位于金沙江干流上游，为金沙江上游河流规划 13 个梯级的第 13 梯级，工程任务以发电为主。水库总库容 13.53 亿 m^3，调节库容 2.46 亿 m^3，电站装机容量 240 万 kW，多年平均年发电量为 102.56 亿 kW·h。2016 年 11 月，电站预可行性研究经过审查，正在开展可行性研究报告阶段勘测设计工作。

金沙江流域上游主要梯级水电工程移民安置概况详见表 2.3。

2. 1. 4 岷江黑水河流域

根据《黑水河干流水电规划报告》，黑水河全长 122km，流域面积 7240km^2，干流马桥至白溪河段长 87km，利用落差 754m，梯级开发自上而下规划马桥、竹格、毛尔盖、色尔古、柳坪"二库五级"电站，总装机容量 83 万 kW，其中毛尔盖水电站库区是流域内最大的水库。

毛尔盖水电站是黑水河干流水电规划"二库五级"开发方案的第三个梯级电站，主要任务是发电，系混合式开发。电站正常蓄水位 2133m，死水位 2063m，总库容 5.35 亿 m^3，调节库容为 4.44 亿 m^3，电站装机容量 42 万 kW，多年平均年发电量 16.58 亿 kW·h。项目于 2008 年核准，2011 年下闸蓄水。毛尔盖水电站是全面执行国务院第 471 号令的大型水电工程项目，也是四川省内实行逐年货币补偿安置方式的封闭试点项目。

毛尔盖水电站建设征地涉及四川省阿坝州黑水县 9 个乡 20 个行政村，主要涉及土地面积 21710.72 亩，人口 2377 人，各类房屋面积 25.1 万 m^2、零星林木 27.7 万株（笼），涉及集镇 2 座，专业项目主要涉及三级公路 14.05km、四级公路 24.58km、35kV 输电线路 24.6km、通信光缆 31.8km，涉及企业 2 家。规划生产安置人口 2612 人，水库淹没影响区全部采用逐年货币补偿安置

表 2.3　金沙江流域上游主要梯级水电工程移民安置概况

序号	项目名称	涉及行政区域	主要实物指标		重要专项			安置任务		移民安置方式							
			人口/人	耕（园）地/亩	城集镇/座	等级公路/km	企事业单位/家	生产安置人口/人	搬迁安置人口/人	生产安置/人					搬迁安置方式		
										农业安置	逐年货币补偿安置	养老保障安置	自行安置	复合安置	居民点集中安置	分散安置	城集镇安置
1	苏洼龙	四川省甘孜州巴塘县和西藏自治区昌都市芒康县	1371	2200	2	51.68		2243	1462		2128		115		490	775	197
2	巴塘	四川省甘孜州巴塘县和西藏自治区昌都市芒康县	608	326				360	644		126		234			644	
3	拉哇	四川省甘孜州巴塘县、白玉县和西藏自治区昌都市芒康县、贡觉县	551	812				737	598		261		476			598	
4	叶巴滩	四川省甘孜州白玉县和西藏自治区昌都市贡觉县、江达县	550	980		17.4	1	664	610		312		352			610	
5	旭龙	四川省甘孜州得荣县、巴塘县、西藏自治区昌都市芒康县和云南省迪庆州德钦县	1549	1181		22.53		1386	1660	864	95		145	282	1146	514	

方式，枢纽工程建设区全部采用自行安置方式；规划搬迁安置 2390 人，5
个集中安置点安置 587 户 1883 人，分散安置 121 户 507 人；规划迁建集镇
2 座，复建等级公路 36.74km。

2.2 社会经济特征

2.2.1 自然资源环境特征

（1）海拔高、地形地质条件差。四川涉藏地区主要分布在甘孜州、阿
坝州以及凉山州的木里县。甘孜州在全国地势上属四川盆地和青藏高原之
间的过渡地带，具有地势高亢、北高南低、中部突起、东南缘深切、山川
平行相间、现代冰川发育、地域差异显著等特征。全州地貌形态在离干流
远的地方显示高原、丘状地貌，干流流经之处形成高山峡谷，在两者之间
为过渡性山原地貌。阿坝州境内地层出露，受龙门山古陆和古海湾阻隔，
形成两大地层分区；全州地表整体轮廓为典型高原，地势高陡，高原由丘
状高原面和分割山顶面组成，平均海拔在 3500～4000m 之间。山势南高北
低，河谷地势西北高、东南低，山川呈西北至东南走向。全州高原和山地
峡谷约各占一半。

（2）耕（园）地后备资源匮乏。四川涉藏地区耕地以旱地为主，主要
分布于大渡河、雅砻江、金沙江、鲜水河流域的河谷地带，且大部分位于
海拔 2500～4000m 之间，耕地质量差，生产水平低，粮食单产低。随着城
镇化、工业化及交通、水电类项目建设进程加快，建设用地供需矛盾日趋
突出，各类非农建设违法违规乱占耕地的现象屡禁不止，耕地保护工作压
力越来越大。根据第三次全国土地调查，四川涉藏地区土地面积较大，各
县人均土地面积大，但耕（园）地所占比例均很小。

（3）气候相对恶劣。四川涉藏地区普遍垂直气候显著，冬季寒冷而漫
长，夏季北部温凉、南部温热且短暂，大部地区春秋季相连。由于周年
海拔差异较大，极端最低气温－46℃，七月飞雪八月冰，含氧量普遍低于
内地 1/3 以上，湿度低于内地 60%，是全省海拔最高、气候最恶劣、条件
最艰苦的地区，随高差呈明显的垂直分布姿态，特点是气温低、冬季长、
降水少、日照足。

2.2.2 经济特征

（1）经济发展相对滞后。四川省涉藏地区地域辽阔，水电、矿产和旅

游资源富集，具有巨大的发展潜力。但由于受历史、地理环境和思想观念等方面的影响，经济发展水平滞后，经济结构不合理，增长乏力。四川涉藏地区地理环境受限、交通不够发达、信息流通不畅，受传统的较为封闭落后的发展模式影响，与外界发达地区差距较大，其经济发展受到一定的限制，社会环境融合度低，人民生活水平较低。四川涉藏地区的大多数生态能源、优势矿产、生态旅游三大支柱产业还处于初期阶段，社会事业、教育卫生、公用设施、基础设施建设发展滞后，需要大量的资金投入。四川涉藏地区依靠自身难以解决巨大的基础设施的投资需求。投入不足与增长方式过度依赖投资拉动同时存在，经济增长速度与四川省内其他地区相比较慢，城镇化率较低，基础设施薄弱。

（2）收入构成特殊。四川涉藏地区水电工程一般地处于高山河谷地带，移民安置涉及地方乡镇各村，搬迁人口主要为农牧民，基础设施较差，商品经济发展相对落后，主要以农业为主，二三产业所占比重较小。库区移民收入构成特殊，种植业收入所占比重不高，牧业和野生资源采集是其现金收入的主要来源，种植生产仅能保障其基本生活需求。

2.2.3　民族宗教文化特征

（1）宗教信仰虔诚。四川的藏族主要分布在阿坝州、甘孜州和凉山州木里县，四川涉藏地区水电工程涉及的移民绝大多数为藏族，全民信奉藏传佛教，但派别不同。藏传佛教与群众的日常生产和生活紧密相关。从出生起名，到长大成婚，以及死后做法事，都和藏传佛教相关联。

（2）宗教类设施不可或缺。四川涉藏地区水电工程建设涉及区域中各乡都有寺院，这些寺院分布在各居民点附近。此外，每个村子还修有数量不等的佛塔、转经房、水转经、嘛呢堆、煨桑点、嘛呢杆、经幡挂放点、小佛塔等，宗教活动已成为当地民众日常生活的一个重要部分，而且受到宪法和法律的保护。因此，宗教氛围浓厚是建设征地区移民群众日常生活的显著特征，在移民安置时必须充分考虑。

2.2.4　生产生活习俗

（1）生产以高山作物种植为主，农牧结合。四川涉藏地区居民生产方式主要包括种植、养殖、牧业、采集 4 个方面。其中：农作物主要包括青稞、土豆、玉米等；经济作物主要包括核桃、花椒、梨子、苹果等；主要养殖猪、羊等；牧业主要为高山牦牛养殖；野生资源采集主要包括虫草、松茸等。

四川涉藏地区居民生产收获以满足自身生产生活消耗为主，主要依赖于在较低海拔房屋周边的种植和养殖方式。现金收入大多来源于采挖虫草、松茸等野生资源和放养牦牛，主要依赖于高山林场和牧场的采集和牧业方式。涉藏地区居民生产方式对地理环境的依赖性较大，一般是"半年山上、半年山下"的生产模式，劳动力分布主要是年轻人在山上生产，老人和妇女在山下生产。涉藏地区移民收入构成特殊，野生资源采集、牧业是其现金收入的主要来源，农业生产仅能保障其基本生活需求。

（2）饮食以高肉脂为主、相对单一。四川涉藏地区村民饮食较为简单，为适应自然环境，饮食主要以糌粑、牛羊肉、土豆加上酥油茶的方式为主。

（3）能源以就地取材为主，现代化程度低。涉藏地区传统能源以牛粪晒干、就地砍柴用作燃料来取暖、烹煮的方式为主，随着社会经济发展，逐步发展为以小水电、农网供电为主。

（4）民族服饰有特色，对外交流相对较少。四川涉藏地区全民信教，宗教氛围浓厚，按方言划分为卫藏、康巴、安多三大涉藏地区。四川涉藏地区水电工程分布集中在大渡河流域、雅砻江流域、金沙江流域。金沙江流域上游和雅砻江流域主要涉及的甘孜州多为康巴藏族（含嘉绒、扎巴等分支），大渡河流域涉及的甘孜州、阿坝州以康巴、安多藏族为主。康巴地区历史上处在汉藏过渡地带，康巴藏族性格直爽，宗教信仰尤为虔诚，体格相对强壮，装束上最明显的是康巴男子多扎英雄结以示勇武。安多地区受蒙古族和汉族影响较多，安多藏族着装特别富丽，藏袍面料以丝绢为主，帽子多饰裘皮，衣帽布料上多以绿、金、黄、红等色为主的图案装饰，体形普遍高大、壮硕。藏族是一个高原地域明显的民族，居民一般生活在高海拔、气候寒冷的地区，其衣、食、住、行均是适应高原自然环境的体现。藏族男女多留有发辫，男子多将发辫盘在头顶，女子多将头发梳成双辫或许多条小辫披在肩上。传统服饰特点是长袖、长裙、大襟、腰带或围裙。藏族特别喜爱"哈达"，把它看作是最珍贵的礼物，待人以表敬意。

涉藏地区移民生活半径相对较小，亲戚大部分在本村和本乡，与外界联系相对较少，出行主要为了赶集购物、宗教活动、上山采集野生资源等。水电站建设区域交通条件一般较差，交通设施一般以人行道、机耕道、溜索、吊桥为主，外出交通工具主要为马、摩托车。

2.2.5　基础设施和公共服务设施

（1）基础设施不够完善。四川涉藏地区是国家及省的扶贫开发重点地区，在国家西部大开发等政策支持下，涉藏地区公路、铁路、航空、通信等领域取得了长足的发展，但总体水平依旧落后。特别是处于高山峡谷中的水电移民库区群众，部分地区农村居民没有统一的电网，农村主要依靠微型水电，保证率低、故障率高；库区供水条件均较差，各乡镇、村基本依靠近年来国家实施的人畜饮水工程供水；库区还存在通信难、网络不佳、雨季道路泥泞通达率差的情况。

（2）公共服务设施配套薄弱。受气候、地形地质等条件影响，四川涉藏地区水电工程移民安置涉及的乡镇均存在医疗、教育资源等不足的情况，大部分地区公共服务设施不完善，并且受当地经济的影响，改善公共服务设施特别困难，造成了涉藏地区移民群众需求与当地设施不匹配的情况。

2.2.6　民族地区扶持政策

为了加速涉藏地区经济发展，国家和四川省层面在人力、财力、物力、技术等方面给予大力的扶持和特殊照顾，同时，中央政府还制定了一系列特殊的优惠政策，主要有：对涉藏地区财政补贴，实行"核定基数，定额递增，专项扶持"的政策；在税收上实行"税制一致，适当变通，从轻从简"的政策；对涉藏地区的经济社会发展项目进一步加大投资力度，重点项目重点扶持；对农牧业继续实行"两个长期不变"，即农区实行"土地归户使用，自主经营，长期不变"的政策；牧区实行"牲畜归户，私有私养，自主经营，长期不变"的政策；2000 年以前免征乡镇企业所得税的政策等。

近年来，随着水电工程开发建设的推进，各级政府还陆续出台了一些针对民族地区的扶持政策。

（1）国家发展和改革委员会于 2019 年发布了《关于做好水电开发利益共享工作的指导意见》（发改能源规〔2019〕439 号），文件提出"要尊重当地民风民俗和宗教文化。充分考虑当地风俗民情、宗教文化特点，合理确定补偿补助项目和标准，保护当地民族文化，提升移民安置水平。完善征收民风民俗设施及宗教活动场所、宗教设施补偿办法，征收民风民俗设施及宗教活动场所、宗教设施的，可以选择货币补偿，也可以依法选择重建。对需要重建民风民俗设施的，结合移民安置规划合理布局；对选择重建宗教活动场所、宗教设施的，根据宗教事务等部门依法批准的迁建规划在项目概算中计列迁建费用；按照传统确需举办迁建宗教仪式的，经宗教事务部门确认，予以适当补助。提高少数民族困难移民房屋补助标准，对补偿费用不足以修建基本用房的，根据当地住房结构特征和生活习惯，以及省、自治区、直辖市建设小康社会的住房要求，给予住房困难补助"。

（2）2018年2月，中共中央办公厅、国务院办公厅印发《农村人居环境整治三年行动方案》（国务院公报2018年第5号），要求开展厕所粪污治理。合理选择改厕模式，推进厕所革命。推进户用卫生厕所建设和改造，同步实施厕所粪污治理。引导农村新建住房配套建设无害化卫生厕所，人口规模较大村庄配套建设公共厕所。加强改厕与农村生活污水治理的有效衔接。

（3）四川省甘孜州政府印发了《关于印发〈甘孜州水电资源开发惠民补助暂行办法〉的通知》（甘办发〔2010〕39号），从财政收入中列支对经审批确定的大中型水电工程建设征地淹没区、影响区和枢纽工程范围内的农村移民，以及经审批确定的大中型水电站建设征地范围内有承包土地的非农村移民发放补助。

（4）四川省对易地扶贫搬迁户给予建房补助：对集中安置的，建房补助每人2.5万元；对分散安置的，建房补助每人1.5万元；人均住房面积不超过25m²的红线要求，主推60m²、80m²、100m²的户型；易地扶贫搬迁对象人均出资不超过2500元，户不超过1万元。对易地扶贫搬迁户购买商品房给予购房补助，与扶贫搬迁结合的商品房建房成本每平方米不超过1500元；对扶贫搬迁户购买商品房安置的按每人2.5万元标准补助，各户原则上按照每人不超过0.25万元标准出资，人均购房面积不得超过25m²。

《关于印发〈甘孜州易地扶贫搬迁后续扶持2022年工作要点〉的通知》（甘乡振发〔2022〕34号）要求各县（市）要对照编制完成的《易地扶贫搬迁后续扶持年度实施方案》和《2022年度易地扶贫搬迁后续扶持项目清单》，在统筹现有相关专项资金的基础上，用好财政衔接资金、涉农资金，整合交通、农业农村、水利等部门资金，做好支持易地搬迁后续扶持配套设施完善提升、就业促进、产业培育、社区治理等重点工作。要用好用活城乡建设用地增减挂钩政策，支持各类金融机构结合职能定位和业务优势，创新金融产品，加大对安置点后续扶持项目投入。整合有关资源和项目资金，带动社会资本支持安置点后续发展。

（5）四川省甘孜州人力资源和社会保障局、甘孜州财政局联合发布的《关于印发〈甘孜州公益性岗位开发管理实施细则〉的通知》（甘人社发〔2021〕59号）规定，对符合社会公共利益需要，由政府相关部门和单位开发并经人力资源和社会保障部门认定，用于安置就业困难人员就业的岗位，用人单位按月足额支付公益性岗位安置人员工资并参加社会保险，对用人单位设立公益性岗位安置就业困难人员的，按规定给予公益性岗位补贴和社会保险补贴，公益性岗位补贴参照当地最低工资标准执行，社会保险补贴按照用人单位为公益性岗位安置人员实际缴纳的基本养老保险费、基本医疗保险费、失业保险费给予补贴。

（6）甘孜州规定对由中央和省级财政安排的对地方转移支付资金支持购买劳务，受聘参加森林、草原、湿地、沙化土地、野生动植物等资源管护的人员，按照上级每年下达的资金量动态调整生态护林员劳务报酬，鼓励生态护林员在完成管护任务的基础上，积极参与林草生态建设、林下经济等产业发展，增加个人收入。

（7）《甘孜州传统村落保护与利用条例》（甘孜州第十三届人民代表大会常务委员会公告第 13 号）要求，传统村落应当整体保护，保持村落传统格局和历史风貌的完整性，不得改变与其相互依存的自然环境和景观，维护文化遗产形态、内涵和村民生产生活的真实性、延续性。传统村落保护应当尊重村民的生活习惯和生产方式，改善传统村落生产生活条件，保障原住村民在原址居住的权利，合理开发利用，促进村落原有形态、生活方式的延续传承。

2.3　移民安置特点分析

（1）补偿补助项目种类多。鉴于四川涉藏地区的地域特色非常明显，移民个人所有的财产表现方式也有别于其他地区，因此在制定补偿补助项目方案时也要适当考虑这些因素，即在现行的移民安置补偿补助项目和标准的基础上，合理增加部分补偿补助项目。增加的项目按其所有者和使用方式不同分为三个大类，即移民搬迁、基础设施和公共服务设施建设等。

移民搬迁类主要增加不同于内地的、具有民族宗教特色的个人补偿项目，如个人宗教设施、民俗构建筑物等；增加部分补助项目，主要是新增房屋、寺院、宗教设施等迁移和新建过程中的祈祷、选址、开光等宗教仪式仪轨活动的补助项目。

基础设施和公共服务设施建设类除了传统的水电路等基础设施的建设外，还适当增加了宗教设施、民俗文化广场、活动室、集贸市场、幼儿园等设施的配置。

（2）各流域移民居住方式存在差异。四川涉藏地区地处我国青藏高原和四川盆地的过渡地带，属横断山系北段川西高山高原区。境内海拔高，地势险峻，气候寒冷，多数县乡属于高寒山区。水电站库区河谷典型形态为高山峡谷，呈 V 形深切状，河谷狭窄，横向宽度小，藏族居民大多沿江两岸呈条带状分散居住。受自然环境、生活习惯、气候影响，大渡河流域、金沙江流域、雅砻江流域藏族居民的居住方式有所不同，大渡河流域的藏族居民以聚居为主，金沙江流域和雅砻江流域的藏族居民以散居为主。

（3）各流域移民生产习惯不同。四川涉藏地区是我国西南区域退耕还林和天然林保护工程的重点区域，当地适宜耕作的土地资源及耕地后备资源极度匮乏。当地现有的耕地资源主要分布在大渡河和雅砻江干支流两岸海拔相对较低的河谷地带，而这些地带恰恰是大中型水电站开发后将要淹没的地带。大渡河流域海拔相对较低的河谷地带土地出产较丰富，农牧民擅长种植青稞、玉米、土豆等，在进行生产安置时，大渡河流域依旧以土地进行生产安置为主。对于金沙江和雅砻江流域来说，库区相邻区域范围内可供成片开发的闲置土地及荒山荒坡很少，人地矛盾非常突出，且涉藏地区移民普遍以采集虫草、松茸等野生菌类、中藏药材等收入为主要经济来源，一般占农牧民家庭年收入的 50％以上，有的甚至高达 80％。受限于土地资源匮乏，结合涉藏地区移民的收入方式，需考虑探索其他生产安置。

（4）各流域移民受教育程度不一致。四川涉藏地区水电站多数处于偏远山区，藏族农村移民占绝大多数。他们大多受教育年限短，文化程度较低，普遍只有小学文化，缺乏专业技术的基本技能和培训，汉语水平差，难以通过参与当地水电建设、务工经商等活动增加收入。以两河口水电站库区为例，根据实物指标调查及现场调研成果，移民群众受教育程度普遍较低，据调查，全库区具有小学及小学以下文化程度的共计 5345 人，占总人数比例的 91.7％；具有初中文化程度的共计 193 人，仅占总人数比例的 3.3％；具有高中文化程度的总计 31 人，仅占总人数比例的 0.5％；具有大专及以上文化程度的共计 7 人，仅占总人数比例的 0.1％。移民基本仅有小学及小学以下文化程度，很多劳动力仅能识别简单文字，文化水平总体偏低，适应能力相对差，要改变原有的生产生活方式难度大。

（5）社会网络关系复杂、宗教特色鲜明。藏传佛教信众大多居住在不同寺院的服务范围内，寺院等宗教活动场所已深度融合在涉藏地区民众的日常生活中，与当地村民关系紧密；并且不同区域的信众有不同的网络关系，融合难度较大。寺院搬迁对整个库区移民安置影响很大，移民搬迁进度和社会稳定均受其影响。寺院新址的确定，既要避免信众搬迁过于分散、信众距离寺院距离过远，又要避免供施关系变化导致寺院信众过少的问题，还需要考虑地质条件是否适宜，并征求地方政府、移民群众以及僧侣的意见。此外，佛塔、拉康等其他设施的搬迁也存在类似情况。因此，寺院等宗教活动场所的搬迁补偿处理难度大。

（6）文化多样性突出。四川藏民族分支较多，有康巴藏族、嘉绒藏族、木雅藏族、安多藏族等，他们各自保留着其独特浓郁的民风民俗和传统文化。如雅砻江扎坝地区至今保留着类似于泸沽湖母系社会传统的走婚习俗、独特的扎坝语言、"木雅文化"等民俗文化，具有重要的社会价值、学术价值和保护价值。同时，大渡河是一条孕育红色文化的河流，这里曾见证了红军长征强渡安顺场、飞夺泸定桥等英雄壮举，镌刻了撼天动地的不朽党史印记，大渡河流域红色文化也具有独特的社会价值与保护价值。

在开发涉藏地区水电工程时，需要根据实际情况确定保护方案，根据库区特殊实际情况，在充分听取各方意见的基础上，以社会稳定为出发点，坚持有形价值与无形价值并重，最终达到保护和传承文化的目标。

第 3 章

移民安置重点与难点

3.1 移民生产生活恢复与发展

3.1.1 生产资源筹措

截至 2023 年年底，据不完全统计，我国已兴建了各类型水库 8.5 万余座，移民现状人口约 0.25 亿人，绝大部分水电工程采取了有土安置的生产安置方式。但是随着国家社会经济不断发展、水电开发逐渐深入，水电工程涉及区域内可供移民安置的土地资源愈来愈紧缺，尤其在川西高原，高山峡谷地域特征明显，海拔高、气候寒冷、地形陡峭，耕地资源匮乏，通过调剂既有耕地资源安置移民难度大。

从流域特征看，大渡河流域大部分属于农业区域，对耕（园）地依赖性强，以土安置为主的安置需求大，生产安置采取了以有土安置为主、辅以少量逐年货币补偿安置的方式；雅砻江上游、金沙江上游属于半农半牧区域，主要收入不依赖耕（园）地，有土安置需求小，生产安置采取了以逐年货币补偿为主，辅以少量有土安置的方式。在可调剂耕（园）地资源有限的情况下，需要通过土地开发整理、垫高造地的方式获取耕（园）地。在高山峡谷地带，库周能够用于开发整理的土地往往地形陡峭，对外交通条件差，土地整理成本较高；库内浅淹没区一般可垫高造地筹措的土地面积较小，土地开发造地成本较高；此外，开发造地还存在熟化时间长、产出低、移民群众不愿意接收等问题。因此，有土安置是四川涉藏地区移民安置工作的难点之一。

3.1.2　搬迁安置场地选择

　　川西高原位于横断山脉东段、青藏高原与四川盆地之间，地形地貌变化明显，高山与峡谷毗连，落差大，地质环境典型，地表生态脆弱，泥石流、滑坡等自然灾害频发（见图3.1和图3.2）。移民搬迁安置居民点选择较为困难，其中位于河谷地带的区域，交通、电力、通信、就医、就学条件相对较好，但场地可能受到泥石流、危岩崩塌、滑坡等地质灾害威胁，适宜场地较少；位于半山或山顶的区域，基础设施建设条件薄弱，需要配套建设的对外连接道路、外部电力和通信等基础设施建设规模较大、投资较高，例如，部分居民点基础设施存在大量高挡墙（见图3.3）。基于地形地质条件差的客观条件，在四川涉藏地区水电工程水库周边选择适宜居住的场地较为困难，这加大了四川涉藏地区移民采取集中搬迁安置方式的难度。居民点选址成为四川涉藏地区移民安置工作的重点和难点之一。

图 3.1　库区地貌（1）　　　　　　　图 3.2　库区地貌（2）

　　在区域特定的地形地质条件下，采取分散安置方式可以有效降低安全风险和移民搬迁安置难度，但是分散安置建房场地由移民自主选择，大多数地区移民管理机构仅是在与移民签订的安置协议中要求其选择安全适宜的地方建房，并自负其责，少数地区自然资源部门地质灾害专业人员协助移民查勘场地条件，但未出具评价意见。移民选择建房地点更多是考虑交通、用水、用电、社会关系方便等因素，仅凭个人经验选择建房地点，场地安全性没有经过专业部门或人员进行科学论证。个别项目甚至出现了分散安置移民新建房屋垮塌的现象（见图3.4）。因此，分散安置移民的新建房屋选址安全是移民安置工作的难点之一。

图 3.3　集中居民点高挡墙　　　　　图 3.4　分散安置房屋垮塌

3.1.3　居民点基础设施

在移民安置规划工作中，部分选址位于高山峡谷区域，场址地形坡度较大，规划多会依山就势、顺势而为、合理地运用客观条件，规划出与群山相得益彰的形体，反映周遭连绵的山势和自然形态，并与之融为一体。这也是结合自然、尊重自然地形地貌的一个规划理念。这种规划理念往往与实际实施常用的大场平理念有所冲突，在实际实施过程中，坡度大的居民点若采用大场平理念开展规划则挡墙量较多。藏式民居选址主要受藏族地区气候、自然环境等影响，一般具有海拔高、昼夜温差大、地形高差大的特点，采用大场平理念实施的可行性低。居民点基础设施规划设计是移民安置规划的难点之一。

在开展四川涉藏地区水电工程居民点规划中，提出了分级、退台的处理方式。宅基地内一般分两台设置，其中畜圈、储藏室位于下台地，正房所在的二、三层及位于上台地，与畜圈、储藏室屋顶晒台相连通，且台地上下建筑可视为独立两栋建筑，获取了更好的日照条件；于上、下台地分台处设置挡土墙，且不与建筑基础冲突。同时出于采光、保暖的考虑，房屋进深不宜过大，可保证宅基地内具备场地分台的条件；根据各方功能分区，主房与下台地附房基本独立，分台处挡土墙的设置不影响房建基础，只是需要增加建筑基础处理的相关费用。

3.1.4　移民后续发展

2018 年 1 月 2 日，《中共中央国务院关于实施乡村振兴战略的意见》提出实施乡村振兴战略的目标任务。2018 年 9 月 26 日，中共中央国务院印发的《乡村振兴战略规划（2018—2022 年）》，提出"乡村是具有自然、社会、经济特征的地域综合体，兼具生产、生活、生态、文化等多重功能，与城镇互促互进、共生共存，共同构成人类活动的主要空间。乡村兴则国家兴，乡村衰则国家衰"。水库移民淹没区域多以乡村为主，乡村兴也离不开移民村兴。在乡村振兴战略背景下，移民村发展的好坏直接关系到地方的长治久安和乡村振兴战略的发展目标，这也就对移民安置后续发展规划提出了更高的要求，在移民安置规划实施阶段为移民留有后续发展空间，指引移民后续发展方向，是移民安置的重点之一。

四川涉藏地区移民安置工作受区域社会经济、自然资源、民族宗教文化、生产生活习俗特点影响，产业发展相对落后，如何实现"搬得出、稳得住、能发展、可致富"，需要重点考虑和研究移民安置后续产业发展方向和空间。

在发展方向方面，乡村振兴的重点是产业兴旺，产业兴旺的目标是使农村一二三产业融合发展格局初步形成，乡村产业加快发展，农民收入水平进一步提高。传统农村移民生产安置方式主要以调剂土地的方式进行，产业配套的相关规划内容在移民安置规划中鲜有体现，其土地经营依旧存在方式单一、力量单薄、经济收入提高缓慢等问题。近年来，逐年货币补偿安置方式在四川涉藏地区推广后，有效释放了劳动力，但产业发展方向定位不清晰、产业资金难以引入、市场竞争力不足等问题仍然存在。

在发展空间方面，集中居民点规划在居住用地上考虑人口增长推算安置规模来确定建设用地，但未考虑涉藏地区移民牲畜养殖用地需求，建设用地发展空间仍显不足；居民点周边大多位于高山峡谷地区，基础设施薄弱，区域产业空间布局难以形成。因地制宜地发展具有涉藏地区特色的城镇化，是有效加快涉藏地区城镇化进程的必要途径，是促进涉藏地区社会稳定、产业经济发展的有效策略，但城镇化安置也面临土地资源获取较难、短时间难以获取效益等问题。

3.2 社会网络恢复与社区重建

3.2.1 社会网络恢复

水电工程的建设导致部分土地尤其是良田沃土被征收，大量房屋、城镇、企事业单位、交通运输工程、水利工程、电力工程、通信工程等需要复迁，原有社区文化、人际关系将被打乱。迁移的人们常承受较大的心理矛盾和社会压力，他们将面临生产生活环境的改变和对前途的疑虑。水电工程建设能否顺利进行，不仅是工程技术问题，更是能否妥善安置好移民，水电工程移民安置是影响水电工程建设的重要因素。四川涉藏地区水电工程移民安置工作存在涉及面广、政策性强、影响因素多、任务艰巨等特点，移民安置难度大，不仅需要考虑移民生活是否可以恢复到原有水平，还需要考虑移民对生活习俗、生产方式以及生活条件改变的适应能力。涉藏地区水电工程建设征地涉及区域移民生活半径相对较小，与外界联系相对较少，基本以村组为单位开展生产活动和生活交往，接受新鲜事物的能力弱，对外界比较谨慎；同时多数涉藏地区属于全民信教区域，藏传佛教对移民的生产生活有较大影响，建设征地区多教派并存，且相互交错杂居，不同的教派分支供奉特定的寺院，互相之间存在差异；同时寺院和信众存在相互供养关系，不能割裂。因此，社会网络恢复是涉藏地区移民安置的难点之一。

3.2.2　社区重建

在传统农村中，农民与土地的关系以及在这种关系的基础上建立起来的人与人之间的关系，也是构成农民日常社会生活以及村组社会关系的重要特征之一，村组之间的邻里交往也是移民社会关系网络的一个重要组成部分。而移民搬迁安置改变了这种关系，将移民家庭与原有的土地和社会关系分离开来，将其置于另一个生活环境之中。不同的安置方式会对移民生活产生不同的影响，相对集中的安置方式，会选择依托较便利的交通，靠近生产资料便于土地适度规模经营，方便移民组织务工等；分散安置则通过就地后靠、投亲靠友等方式进行搬迁安置，不论是与移民相互之间的交往，还是与当地居民之间的交往，他们的社会适应能力也会明显不同。因此，社区重建是涉藏地区移民安置的重点和难题之一。

3.3　基础设施和公共服务设施建设与行业规划衔接

2019 年 3 月，国家发展和改革委员会等六部委印发了《关于做好水电开发利益共享工作的指导意见》（发改能源规〔2019〕439 号），从提升移民村镇宜居品质推进库区产业发展升级等方面建立利益共享机制，着眼未来，充分发挥水电资源优势，进一步推进库区经济社会发展、发挥流域水电综合效益，建立健全移民、地方、企业共享水电开发利益的长效机制，构筑水电开发共建、共享、共赢的新局面，增强库区可持续发展动力，稳步推进共同富裕。

在基础设施和公共服务设施建设方面，水电工程移民安置涉及大量的交通运输工程、水利水电工程、电力工程、电信工程、广播电视工程等专项设施，以及防护工程、文物古迹及英雄烈士纪念设施、矿产资源及其他项目。根据《水电工程建设征地移民安置专业项目规划设计规范》（NB/T 10801—2021），对水电工程建设征地影响的专业项目，应按照其原规模、原标准或者恢复原功能的原则和国家有关强制性规定，提出复建方案，其中需提高标准或扩大规模的移民安置专业项目，应由省级相关主管部门和项目法人协商一致，并明确投资分摊方案；对于不需要或难以恢复的，应根据受征地影响的具体情况，分析确定处理方案。

因此，做好水电工程移民安置基础设施和公共服务设施恢复建设、兼顾地方经济社会发展、做好与相关行业的规划衔接、合理分析项目投资分摊方案是涉藏地区水电工程在基础设施复建方面的重点和难点之一。

3.3.1 专业项目等基础设施的恢复

涉藏地区受高山峡谷的地貌特征影响，交通、电力、供水等基础设施建设条件较差，施工难度较大，建设成本相对较高，导致绝大部分水电工程建设征地涉及区域基础设施原状水平较低，主要体现在：生活饮用水直接饮用山泉或沟水，存在安全隐患；生活用电大多依靠小、微型水电，电源保障可靠性低；通乡、通村道路路面宽度窄、路面结构大多为碎石；通信设施覆盖率较低等。按照相关移民政策和规程规范要求，交通、电力、电信、广播电视等专项设施的迁建或者复建，应按照其原规模、原标准或者恢复原功能的原则和国家有关强制性规定，提出复建方案，其中需提高标准或扩大规模的移民安置专业项目，应明确投资分摊方案。

随着社会经济发展，国家农村工作重点已从脱贫攻坚转移为乡村振兴，按照原规模和标准进行专项设施建设已不能满足乡村振兴要求，难以适应社会经济发展。在移民安置规划和实施过程中，地方政府提出对道路、供水等专业项目建设标准进行调整的诉求较为普遍：一是地方政府希望按行业标准确定的建设费用全部纳入移民安置规划，由水电开发项目法人单位承担，对于该类项目，大部分项目采取投资分摊方式解决，但分摊比例如何确定成为博弈的焦点，往往需要较长时间；二是行业标准中的部分技术标准不具有强制性或为区间值，是否执行该标准或按哪个区间值执行往往也成为博弈点，需要通过大量沟通协调才能确定。

因此，在移民安置规划和实施过程中，道路、供水等专业项目建设标准的确定，是地方政府和项目法人关注的焦点，如何依法依规做好与行业规划的衔接是移民安置工作的重点和难点之一。

3.3.2 公共服务设施的恢复和配置

随着我国脱贫攻坚战的全面胜利，乡村文、教、卫等公共服务设施也得到了一定的发展，但随着收入水平的提高和生活条件的改善，农民对农村基础设施的需求不断增加，现有的基础设施已经不能满足农民群众日益增长的精神生活需求。

涉藏地区人口居住分散，现状文、教、卫设施配置标准较低；此外，一些公共服务设施设备"建而不管"的现象时有发生，厕所革命、垃圾处理等人居环境治理尚未完成，"脏乱差"现象依然存在，不能满足当前乡村发展需求。如何有效利用移民资金恢复公共服务设施，并满足移民发展对公共服务设施配置需求，科学合理规划公共服务设施至关重要。因此，农村文、教、卫等公共服务设施的恢复和配置是移民安置工作的重点之一。

3.4 移民安置实施管理

3.4.1 管理体制和工作机制的建立

《大中型水利水电工程建设征地补偿和移民安置条例》（国务院令第471号颁布、国务院令第679号修订）规定，移民安置工作实行政府领导、分级负责、县为基础、项目法人参与的管理体制。国务院水利水电工程移民行政管理机构负责全国大中型水利水电工程移民安置工作的管理和监督；省、自治区、直辖市人民政府移民管理机构，负责本行政区域内大中型水利水电工程移民安置工作的管理和监督；县级以上地方人民政府负责本行政区域内大中型水利水电工程移民安置工作的组织和领导。《四川省大中型水利水电工程移民工作条例》（四川省第十二届人民代表大会常务委员会公告第70号）规定，大中型水利水电工程移民工作遵循开发性移民方针，坚持以人为本、科学合理、规范有序的原则，实行"政府领导、分级负责、县为基础、项目法人和移民参与、规划设计单位技术负责、监督评估单位跟踪监督"的机制。

从四川涉藏地区移民安置整体实施情况看，移民安置体制和机制在实施层面还存在问题：部分区域地方政府、项目法人、移民群众、移民管理机构、设监评单位"三个主体，五个方面"的权、责关系不顺，职责不清；部分管理部门事权不够清晰，移民工作统筹组织、综合协调、监督管理难度较大。雅砻江流域两河口水电站在移民安置实施时，充分发挥移民综合监理、综合设计技术支持的作用，项目法人积极参与，不断深化和完善移民工作协调机制，通过各类协调会、现场工作例会等方式和途径推进解决过程中出现的各类移民问题，移民搬迁安置工作不断取得新的成果，在2018年实现提前一年完成理塘县、新龙县的移民搬迁安置工作；2019年，在前期工作的基础上，两河口水电站继续创新工作思路，结合两河口移民的实际情况，通过借鉴国家精准扶贫的政策精髓，提出了"精准移民搬迁"的工作思路，把所有未完成搬迁安置的移民进行细致梳理、划分责任人，精准推动移民搬迁安置工作；与此同时，两河口水电站还进一步优化会议机制，将例会制度下沉至村乡干部一级，定期组织乡村两级干部召开移民工作推进会，极大地提高了村组干部的积极性和主动性，推动了两河口水电站移民搬迁的进度。通过这些措施，两河口水电站全面完成了年度工作任务，实现了移民搬迁安置零过渡的目标，为电站工程蓄水移民安置验收提供了保障。因此，建立适宜涉藏地区的工作机制是移民安置实施管理的重点之一，直接影响了移民搬迁安置进度。

3.4.2　移民干部队伍的建设和业务培训

地方政府是移民安置实施工作的责任主体、实施主体、工作主体，全程参与移民安置从规划到实施、再到验收的全过程。其主要职责包括：参与建设征地实物调查细则及工作方案、移民安置规划大纲和移民安置规划编制工作；提出发布停建通告的申请，并依据停建通告开展相关工作；协调项目法人开展建设征地实物指标调查工作，在相关各方签字认可后，对实物调查成果进行公示并确认；组织开展移民区和移民安置区社会稳定风险分析，负责本行政区域内的移民安定、社会稳定工作；对移民安置规划大纲和移民安置规划出具意见；与市（州）级人民政府签订移民安置责任书，与移民和相关单位签订安置补偿协议；开展移民安置自验工作并上报验收申请，组织开展后期扶持项目验收；组织实施征地补偿、移民安置和后期扶持工作，履行征地补偿和移民安置协议，实施移民安置规划、后期扶持规划和年度计划，组织移民安置专项工程和后期扶持项目阶段性验收，负责编报征地补偿和移民安置实施进度、移民资金使用情况报表；组织实施移民后期扶持，协调相关单位开展移民后期扶持政策实施监测评估工作；负责移民信访工作，建立和落实本地区突发事件应急预案，及时协调处理征地补偿和移民安置工作中出现的问题；负责移民安置区农村移民生产技术、技能培训工作。以上种种工作，需要各级地方政府的移民干部分工完成，移民安置任务越重的水电工程，对移民干部队伍要求越高。

水电工程移民工作政策性强、涉及面广、影响因素众多，既涉及水利水电、建筑、市政、交通、电力电信、工程造价等专业，也涉及社会管理和群众工作，是一门综合性、专业性较强的社会科学。移民工作是做人的工作，人有思想且随着客观条件的变化而变化，水库移民属于非自愿移民，离开祖祖辈辈生活的地方，思想情绪容易波动，移民搬迁后的生产生活环境状况和后续发展前景是移民最担忧和关心的问题；水库淹没涉及企业、交通、电力等范围较广，企业追求利益最大化，地方政府追求区域基础设施改善和社会经济水平提高，各方利益诉求多元。移民干部作为执行这一复杂而艰巨任务的组织者和实施者，只有熟悉业务，才能了解和把握移民工作的特点和规律，对移民安置规划、移民搬迁安置、专业项目复建、移民资金使用、后期扶持等工作进行系统统筹安排，有计划、有步骤地应对和处理好每一个工作环节；只有会做群众工作，才能得到移民群众的广泛支持和配合，取得移民的理解与信任；只有精通政策，才能依法依规保障各方利益，促进区域经济平衡发展，而不是一味追求地方利益，损害项目法人或国家利益。因此，工程建设关键在移民，移民工作关键在干部；移民工作好不好，直接关系到工程的顺利建设；移民工作好不好，直接取决于移民工作干部队伍的素质和理念。

涉藏地区移民安置工作更是如此。一方面，涉藏地区自然条件比较特殊，经济条件与基础设施比较落后，民族宗教问题比较突出，历史遗留问题比较多，社会稳定是第一工作要务，移民工作整体环境比较复杂；另一方面，工程建设征地移民安置工作涉及市政、交通、水利、电力以及社会公共服务等多个方面，移民工作需要统筹考虑的方面比较多，政策性比较强。涉藏地区从事移民工作的人员移民工作经验相对缺乏，业务技能和管理水平相对薄弱，需要对移民干部进行相关政策学习培训，提升其对国家法律法规、移民政策的理解和认识。只有移民干部具备扎实的业务能力，才能对移民群众进行正确的宣传解释，才能有效促进移民搬迁安置进度。移民干部队伍的建设和业务培训也是工作重点和难点之一。

3.4.3 移民工程建设模式的确定

移民工程涉及交通、市政、水利、电力、通信等行业，种类繁多、专业性强，涉及利益群体多，移民工程种类多样、涉及相关行业技术种类多，工程规模和投资较大。作为移民安置的实施主体，地方政府相关部门参与移民工程建设管理的精力有限，专业管理团队欠缺，容易致使由地方政府

组织实施的部分移民工程出现不同程度的质量问题，实施进度与电站主体
工程建设进度存在不匹配情况。移民工程建设模式的确定是移民安置实施
管理的一大难题，尤其在四川涉藏地区移民安置实践中表现得比较明显。
因此，为保障移民工程建设进度和质量，建立适宜涉藏地区的移民工程建
设模式是移民安置实施管理的工作重点之一。

3.5　宗教文化的恢复与重构

3.5.1　宗教供奉关系构建

水电工程涉藏地区多为全民信教区域，由于寺院搬迁或移民搬迁导致
供奉距离增加，移民群众担心自己的宗教生活难以得到保障。同时，由于
信众"不信同个佛，不进一座庙"的观念，不同教派的移民人口需要到自
己信奉的寺院从事宗教活动，需要根据不同区域信众分布情况选择迁建
新址。

供施关系变化，可能会导致寺院难以生存、信众的宗教服务受到影响。
涉藏地区寺院与藏族社区是紧密联系在一起的，大部分寺院的经济来源由
两方面组成：一方面是依靠为社区居民提供宗教服务来获得的布施；另一
方面是来自于社区僧侣的家庭供养。寺院僧人为本村信教群众提供宗教服
务，在寺院和他们家中开展的宗教活动；同时，寺院僧人均来自附近的村
庄，其生活开支均由本人家庭承担，寺院的日常开支由本村信教群众提供，
形成了集体宗教活动场所与信教群众不可分割的紧密关系。因此，寺院与
信众供奉关系构建是移民安置的重点之一。

3.5.2　宗教活动场所处理

涉藏地区水电工程地区范围内民族宗教氛围浓厚，移民收入构成、社
会网络关系、实物指标类别与国内其他大型电站有所不同。移民搬迁类主
要增加不同于内地的、具有民族宗教特色的个人补偿项目，需考虑移民搬
迁中个人或集体宗教活动场所（寺院、佛塔、宗教活动点等）、民俗构建筑
物、特有的藏式房屋装修、宗教仪式仪轨活动、水葬点、扎巴文化博物馆
等补偿补助和支持项目；基础设施建设类除了传统的水电路等基础设施的
建设外，还需要考虑增加宗教、文化等基础设施的配置。同时结合实施阶
段遇到的实际情况，涉藏地区水电工程补偿补助标准测算缺乏实践经验，
依据不够全面，且需要充分尊重和保护当地民风民俗，补偿处理难度大，

所以寺院等宗教活动场所处理是工作难点之一。

3.5.3　民族文化发展和传承

　　藏族作为中国及南亚最古老的民族之一，创造了灿烂的民族文化，拥有自己的文字、语言、信仰以及风俗习惯。在涉藏地区开展水电工程移民安置可能会产生打乱区域社会网络的情况。为了尽可能维持原有的社会、宗教关系网络，移民安置规划本着同教派就地就近安置、寺院与信众统筹搬迁安置的原则进行规划与重建；为了尽量减少对当地民族文化造成的影响，需要对受影响的民族文化进行记录与保存，充分考虑涉藏地区特有文化的传承与保护，尊重移民自主选择，使移民社会的邻里网络关系、宗教信仰关系得到稳定维持；在移民居民点建设时，从建筑材料、方法、工序等方面均需采用传统做法，使重建的民族建筑保留古建筑或民居的传统风格，在满足涉藏地区移民群众日常生活需求的同时，也成为文化传承的载体，将移民生活和具有丰富历史底蕴的涉藏地区文化有机结合起来。因此，民族文化发展和传承也是移民安置实施工作的难点之一。

3.6　移民诉求处理与政策宣传

　　涉藏地区水电工程建设起步相对较晚，移民安置工作经验相对缺乏，地方政府及移民群众对于水电移民政策了解较少，相关业务知识储备不足。对涉藏地区水电移民政策开展宣传和解释工作，对于推进水电工程移民安置工作、维护地区社会稳定具有重要意义。因此，有效开展水电移民政策宣传是涉藏地区移民安置工作的重点之一。

3.6.1　政策宣传和解释

　　移民工作涉及面广、政策性强、情况复杂，关系到移民群众的切身利益，要做好涉藏地区移民安置工作，离不开地方政府强有力的组织保障以及对移民工作的有效管理。地方政府是移民安置工作的责任主体、实施主体和工作主体，移民安置工作直接涉及每一位移民群众的切身利益。因此，移民干部和群众对政策的理解和执行是工作重点之一。

　　涉藏地区部分区域存在地方政府移民工作人员缺乏相关工作经验、积极性较低，移民群众对于水电移民政策理解存在偏差等问题。需要对参与移民工作的地方政府领导和工作人员开展移民政策学习培训，对移民群众开展广泛宣传动员、政策解释，增强移民干部和群众对移民政策的理解和认识，提高执行力。可通过开办移民政策培训班、进行实地调研考察、召开座谈会等形式，使参与移民工作的干部全方位系统化学习了解水电移民政策；成立专门的移民政策宣传小组和疑问解答小组，印发藏汉双语版本的移民政策法律读本、文件汇编和宣传手册，对移民群众关心和疑惑的问题进行现场解答，使移民群众理解水电移民政策，支持水电工程开发建设。

因地方政府和移民群众对于水电移民政策存在理解上的偏差，不可避免地会存在一些超出水电移民政策范围的不合理诉求。例如对于宗教活动场所、房屋装修等补偿标准不认可等。加强水电移民政策宣传和解释对于创造良好社会移民氛围，奠定水电移民群众基础具有重要意义。政策宣传和解释的目的在于使地方政府认清电站建设对社会经济可持续发展的重要性，使移民群众认清移民安置对电站建设和自身生活生产条件改善的重要作用，最终使地方政府和移民群众真正理解移民安置的相关政策和内容。

涉藏地区由于语言不通、通信网络不发达，地方政府政策宣传手段有限，例如语言难以准确翻译成藏语与涉藏地区移民进行沟通交流，发放的宣传手册可能存在移民看不懂的情况，需要进一步创新移民政策宣传途径，充分利用广播电视、新媒体等传播方式，扩大移民政策宣传的广度和深度。因此移民政策宣传和解释工作是移民安置工作的重难点之一。

3.6.2 移民诉求的处理

相较于其他区域，涉藏地区移民安置过程中沟通难度更大，沟通成本更高。如何使移民群众合理诉求得到及时高效的反映，避免社会矛盾积压，维护地区社会稳定是移民安置工作的重要内容之一。其中，畅通移民群众诉求渠道是重点，确保移民群众诉求能够得到及时有效的反映和解决。在涉藏地区移民安置过程中，部分水电工程成立了移民工作协调办公室，下设了移民信访小组，安排专人负责移民群众信访工作，收集移民群众反映的问题，并将收集的问题及时提交至移民工作协调办公室商讨决定。对于移民群众合法合理诉求，派专人及时高效解决；对于移民群众不合法不合理诉求，也派专人对移民群众进行水电移民政策宣传和解释，化解其中可能存在的矛盾与误解。因此，移民诉求的处理是移民安置工作的重难点之一。

第 4 章

移民安置实践

4.1 前期规划

4.1.1 停建通告的时效、内容及要求

4.1.1.1 主要政策规定

2006 年，国务院颁布了《大中型水利水电工程建设征地补偿和移民安置条例》（国务院令第 471 号），第七条规定："实物调查工作开始前，工程占地和淹没区所在地的省级人民政府应当发布通告，禁止在工程占地和淹没区新增建设项目和迁入人口，并对实物调查工作作出安排"。国家从法规层面第一次明确提出了发布停建通告的要求。停建通告规定了在工程征地范围内，任何单位和个人不得新建、扩建和改建项目，不得开发土地和新建房屋及其他设施，不得新栽种各种多年生经济作物和林木，确需建设的项目，应报省政府批准。

结合"国务院令第 471 号"的要求，2007 年四川省人民政府办公厅以《关于印发〈大中型水利水电工程建设征地范围内禁止新增建设项目和迁入人口通告管理办法〉的通知》（川办函〔2007〕279 号）出台了管理办法，第一次从省级层面对停建通告的发布条件、申请和办理程序、所需材料、调查期限、撤销与变更程序等进行了规定。四川省人民政府办公厅根据省内水电工程移民安置实施情况和经验，在 2014 年、2020 年对管理办法进行了两次修订。《四川省人民政府办公厅关于印发四川省大中型水利水电工程建设征地范围内禁止新增建设项目和迁入人口通告管理办法的通知》（川

办发〔2020〕11 号）主要规定内容如下。

（1）明确了申报要件。申报要件包括 6 个方面：河流水利水电规划批复文件或省级及以上水利发展规划；水电工程预可行性研究报告审查意见，可行性研究阶段正常蓄水位选择、施工总布置规划和水库影响区地质专题报告审查意见；大型水利工程方案（工程规模及总体布置方案）意见，中型水利工程取得省级水行政主管部门涉及停建范围的专题审查意见；项目法人或项目主管部门提供的停建范围说明、界桩布置设计图、工程占地区红线图；省级、市（州）级大中型水利水电工程移民管理机构，移民区和移民安置区的县（市、区）政府对工程建设征地实物调查细则及工作方案的意见；项目法人或项目主管部门实施界桩布设、开展实物调查、编制报批移民安置规划大纲、编制送审移民安置规划等工作计划。

（2）明确了停建通告有效期。停建通告有效期包括工程项目建设征地移民规划期和实施期。规划期为停建通告发布之日起至移民安置规划完成审核之日止，中型工程为 1 年，其中移民人口 1000 人以上的为 2 年；大型工程为 2 年，其中移民人口 1 万人以上的为 3 年。停建通告发布后，在规定期限内不能完成审核移民安置规划的，项目法人或项目主管部门应在规定期限内逐级申报，经省政府批准后可适当延期，但延期时间原则上不超过 1 年。每个工程项目原则上可申报办理 1 次延期。实施期为移民安置规划完成审核之日起至通过工程竣工验收之日止。经审批（核准）的项目，省发展改革委商行业主管部门认定不能在 3 年内开工建设的，由省发展改革委商省级大中型水利水电工程移民管理机构向省政府提出书面建议，经省政府批准撤销《停建通告》。

（3）明确了停建通告失效或撤销后应补偿损失。停建通告失效或撤销后，项目法人或项目主管部门应对受停建影响造成的损失给予适当补偿。具体补偿方案由项目法人或项目主管部门与所涉及的县级政府协商，并听取当地群众意见后，由市（州）政府联合或分别报省发展和改革委员会及省级大中型水利水电工程移民管理机构批准后执行。

4.1.1.2　遇到的主要问题

（1）水电工程决策程序过长，停建通告可能失效。根据 2020 年 2 月《四川省人民政府办公厅关于印发四川省大中型水利水电工程建设征地范围内禁止新增建设项目和迁入人口通告管理办法的通知》（川办发〔2020〕11 号）的有关规定，停建通告下达后，在规划期内应按核定的移民安置规划完成移民安置规划报告审核，对于停建通告失效或撤销的项目，办法规定项目法人或项目主管部门应对受停建影响造成的损失给予适当补偿。在停建通告有效期内需完成实物指标调查、公示复核、确认，编制移民安置规划大纲并逐级上报省人民政府审批，编制移民安置规划报告并逐级上报省移民管理机构审核。移民安置规划事关移民群众的切身利益，关系到地方社会经济发展与社会稳定的大局，各方关注程度高，需协调解决的事情多，程序复杂，大型水电项目移民安置规划报告审核审核周期较长，项目法人及地方政府决策、协调沟通周期长，导致部分项目在停建通告有效期内不能完成移民安置规划的审核，停建通告失效概率较大，需重新按程序申报停建通告，编制移民安置规划大纲，同时需对受停建影响造成的损失给予适当补偿。

（2）长期封库影响区域正常发展，导致移民群众生产生活不便。由于水利水电项目特别是大型项目的建设周期较长，发布停建通告后，往往出现省、市、县各级冻结停建范围及涉及行政区的各行业正常建设，影响了该行政区域的正常发展；同时，对于部分移民在停建期间确实需要对其危房进行改建、婚娶新建房屋以满足保障安全和生活需要的实际未加以详细界定，采取"一刀切"，给停建范围内的集体和个人带来了诸多不利影响，导致移民群众生产生活不便，甚至影响移民群众生命财产安全，部分移民群众反映强烈，区域社会稳定工作压力较大。

4.1.1.3　实践情况

（1）针对停建通告失效的项目计列停建损失费。根据 2020 年 2 月《四川省人民政府办公厅关于印发四川省大中型水利水电工程建设征地范围内禁止新增建设项目和迁入人口通告管理办法的通知》（川办发〔2020〕11 号），停建通告失效或撤销后，项目法人或项目主管部门应对受停建影响造成的损失给予适当补偿。部分项目在实施过程中遇到了停建通告失效的问题，按照上述办法的规定予以了妥善处理，维护了库区群众的利益，保障了库区社会稳定。

案例 4.1

孟底沟水电站停建通告失效处理

以孟底沟水电站为例，由于其环保评审意见涉及力丘河是否能够开发等因素，移民安置规划报告未能在停建通告及延续有效期内获得批准。按照《四川省大中型水利水电工程建设征地范围内禁止新增建设项目和迁入人口通告管理办法》（川办发〔2020〕11号）规定，孟底沟项目继续开展前期工作，项目法人应按程序重新申请发布停建通告。

2019年12月，雅砻江公司按程序重新申报了停建通告。2020年2月，四川省人民政府重新下达了孟底沟水电站停建通告。在实物指标复核工作过程中，由雅砻江公司牵头，设计单位配合，积极与建设征地区四县（市）人民政府就停建损失费计列原则及范围进行了多次沟通协调。过程中也多次征询四川省原扶贫开发局及水电水利规划设计总院的意见和建议，确定将停建损失费用项目纳入移民安置规划大纲，并取得了四川省人民政府批复。

移民安置规划报告编制阶段，由项目法人雅砻江公司、成都院及建设征地涉及的各县（市）人民政府进行多次协商，就停建损失费计列标准达成一致意见，最终协商成果分别由四县（市）以会议纪要方式进行确认。

停建损失费由人居环境改善补助费和停建通告失效损失补偿费两部分组成。

一是人居环境改善补助费。考虑到原停建通告失效期间正值脱贫攻坚及乡村振兴工作开展阶段，由于原停建通告失效期间停建范围内停止了基本建设，人居环境改善补助费按移民个人部分和村集体部分分别计列。经过与地方行业部门衔接，孟底沟停建通告失效期间地方政府对当地居民的生活提供了项目支持，主要包括太阳能热水器安装、卫生间改造装修以及用于集体公共设施的改善和维护等。

二是停建通告失效损失补偿费。根据项目法人分别与康定市、九龙县、雅江县及木里县达成的协商结果，停建通告失效损失补偿费分为个人部分和地方政府统筹使用部分，其中个人部分以规划水平年搬迁人口为基数，按人均标准计列；地方政府统筹使用部分按项目法人与地方政府协商结果计列。

（2）存在安全隐患的，制定应急处理措施。大型水电项目建设周期较长，受项目前期论证、主体工程设计优化、项目法人投资决策等多方面因素的影响，部分项目从停建通告下达到移民搬迁，时间跨度长达十余年，部分项目库区移民房屋不断出现裂缝、垮塌等情况，影响移民群众生命财产安全。为了妥善解决上述问题，部分项目对库区危房以户为单位进行调查核实，并根据危险等级，分类拟定处理方案予以妥善处理，化解了矛盾，维护了库区稳定。

双江口水电站库区危房避险处理

以双江口水电站为例，2006 年 7 月四川省人民政府发布停建通告，2015 年 4 月，国家发展和改革委员会印发了《关于四川大渡河双江口水电站项目核准的批复》（发改能源〔2015〕725 号）。截至 2022 年年底，双江口水电站移民安置工作仍在实施中，移民尚未搬迁完毕，已封库 16 年。在长期停建期间，库区移民群众房屋不断出现裂缝、垮塌等情况，危房问题日益突出，库区部分移民群众对搬迁前居住环境带来的不便以及可能危及生命、财产安全的情况不满情绪高涨，区域社会不稳定因素凸显。

2014 年 7 月，马尔康市和金川县原扶贫和移民工作局（简称"县局"）分别向阿坝州扶贫和移民工作局（简称"州局"）报告，要求解决库区危房问题，州局随即上报四川省原扶贫和移民工作局（简称"省局"）。2014 年 11 月，省局在成都组织召开双江口水电站库区危房处理协调会，会议要求州局牵头组织马尔康市、金川县县局拟定《双江口水电站库区危房紧急避险搬迁安置方案》逐级报批。

2014 年 12 月，州局牵头拟定了《双江口水电站库区危房户紧急避险搬迁安置处理方案》（以下简称《危房处理方案》）。2015 年 2 月，省局以《关于双江口水电站库区危房户紧急避险处理方案的批复》（川扶贫发〔2015〕35 号）对《危房处理方案》进行了批复，要求"阿坝州扶贫和移民工作局指导马尔康市、金川县原人民政府及县建设、移民主管部门抓紧组织对库区对危房以户为单位进行调查核实，按照危房类别进行分类统计，并张榜公示，以确保调查核实结果真实性；同时协调设计院根据两县提供的移民危房户的确认成果编制库区危房户紧急避险处理投资估算报告"。

根据省局的相关要求，马尔康市、金川县人民政府组织相关部门组织开展了库区危房界定、入户调查核实及张榜公示等工作。2015 年 9 月，马尔康市、金川县原民政和扶贫移民局分别以《关于双江口水电站库区危房处理张榜公示相关成果的函》（马尔民扶函〔2015〕198 号）、《关于双江口水电站库区移民危房情况统计的函》（金民扶移函〔2015〕52 号）对双江口水电站马尔康市和金川县库区移民危房户类别、处理规模等再次进行了确认。

2016 年 3 月，根据省局的相关要求，结合马尔康市、金川县政府关于危房的确认成果，设计单位及时编制完成《四川大渡河双江口水电站库区危房户紧急避险处理投资估算专题报告》，提出对移民群众房产出现的危房采取以下原则进行处理：①危房处理以实物指标调查阶段移民户为基础，进行一次性危房处理；②重度危房在原居住地附近就近搭建板房，涉及占用的土地由移民户自行提供；③轻度危房在满足搬迁安置前居住安全的前提下采取加固处理。2016 年 6 月，省局以《关于〈四川大渡河双江口水电站库区危房户紧急避险处理投资估算专题报告〉的批复》（川扶贫移民发〔2016〕143 号）对报告进行了批复。

4.1.1.4 实施效果

（1）促进了项目建设的顺利推进。2006 年，国务院颁布了《大中型水利水电工程建设征地补偿和移民安置条例》（国务院令第 471 号），第一次从国家行政法规层面明确了实物指标调查前应发布停建通告。相关规定出台，从政策层面保证了移民安置工作公平公正，避免了重复建设，兼顾了国家、集体和个人利益。从实施效果来看，停建通告的发布，保障了移民安置工作的顺利实施，促进了项目建设的顺利推进。

（2）明确了停建通告申办程序，缩短了停建通告申办时间。针对停建通告，四川省人民政府办公厅专门出台了《四川省大中型水利水电工程建设征地范围内禁止新增建设项目和迁入人口通告管理办法》（川办发〔2020〕11 号），对停建通告申办所需具备的条件、申报所需材料、申报程序等进行了全面细致的规定。使得项目法人在停建公告申办时有法可依，有章可循，大大缩短了停建通告的申办时间，加快了项目前期工作的进度。

（3）妥善处理了停建通告失效产生的相关问题，维护了库区社会稳定。四川省针对停建通告有关政策执行过程中出现的停建通告失效或撤销造成的损失，四川省明确应给予适当补偿，从孟底沟水电站、双江口水电站等项目实践情况看，通过计列停建损失费、制定紧急避险方案等方式予以了妥善解决，保障了库区群众生命财产安全，维护了移民的合法利益，化解了矛盾，避免了移民间的相互攀比，维护了库区社会的总体稳定。

4.1.2 实物指标调查

4.1.2.1 主要规范规定

根据《水电工程建设征地实物指标调查规范》（NB/T 10102—2018），实物指标调查项目应主要包括搬迁人口、土地、建筑物、构筑物、设施、设备、林木及其他附着物，以及交通、水利、电力、电信、矿产资源、文物古迹、英雄烈士纪念设施等，可按农村部分、城市集镇、专业项目、企事业单位四部分归类调查和成果汇总。鉴于涉藏地区农村实物指标具有特殊性，主要介绍农村部分实物指标调查的规范规定情况。

农村部分实物指标主要包括搬迁人口、房屋及附属设施、土地、零星树木、农村小型专项设施和农副业设施、个体工商户、文教卫及宗教设施、其他项目八个方面，调查内容和方法要求如下。

（1）搬迁人口。搬迁人口调查应为建设征地居民迁移线内和线外、因建设征地需要改变居住地的常住人口的调查。搬迁人口应依据居民户口簿登记，以户为单位调查登记到人。

（2）房屋及附属设施。

1）房屋。房屋应按结构和用途进行分类。按结构分为钢结构、钢筋混凝土结构、混合结构、砖木结构、土木结构、木结构和其他结构。其他结构根据实际情况分类，同类结构房屋可根据需要进一步细分等级。房屋面积应以建筑面积计，计量单位以 m^2 计。

2）附属设施。附属设施类别应主要包括炉灶、晒场、地坪、粪坑、围墙、门楼、水池、水管、地窖、沼气池、晒台、水井，可按结构、材料、规格进行分类。

（3）土地。土地类别中的一级类、二级类应符合现行国家标准《土地利用现状分类》（GB/T 21010—2017）的规定，二级类以下的可根据当地实际情况细分，应以水平投影面积计算，计量单位以亩或公顷计。

1）土地调查内容应包括界线、类别、面积、用途、权属、用地性质等。土地所有权应调查国有土地和农民集体土地所有权；对国有土地应调查使用权、取得方式，对于农民集体所有的，宅基地和经营性建设用地应调查使用权，农用地应调查承包权。

2）土地面积调查应使用比例尺不小于 1∶2000 的地类地形图，实地调查行政界线、权属界线、土地利用类型界线、基本农田界线，并逐地块核实地类；根据调查修正的图纸量图计算各类土地面积。应以集体经济组织、土地使用单位为单元统计计算各类土地面积。农村承包的耕地、园地和林地应以集体经济组织的调查面积为控制，将指标分解到户。

3）宅基地面积应根据宅基地使用权证逐户调查统计，无宅基地使用权证的应由地方政府职能部门提供资料，并实地核实。

（4）零星树木。零星树木调查应包括林地、园地以外零星分散生长的树木的调查。零星树木按用途应分为果树、经济树、用材树、景观树四大类，还可对各类树木按品种进行细分，进一步分为成树和幼树。零星树木的计量单位宜为棵、株、棚、丛、笼。

47

（5）农村小型专项设施和农副业设施。农村小型专项设施调查应主要包括乡级以下农村集体、单位、个人投资或管护的小型农田水利设施、供水设施、小型水电站、10kV等级以下的配电设施、交通设施的调查。

（6）个体工商户。个体工商户应实地逐户逐项调查，调查内容应主要包括名称、占地面积、用地性质、用地取得方式、经营面积、主要产品种类、年产值、年利润、税金、从业人数、用工形式、月工资总额、年产量；房屋及构筑物的名称、结构、数量、权属；生产设施的专用房屋及构筑物的名称、结构、数量、权属；设备设施的名称、结构、规格型号、数量、购买和建成时间；生产产品存货的名称、规格型号、数量等情况。

（7）文教卫及宗教设施。文教卫设施调查应主要包括村民委员会及文化室、幼儿园、卫生室、其他公益性活动场所和设施的调查。调查内容应包括项目名称、性质及权属关系、占地面积、建筑物的结构类型、用途及数量、使用及管理单位、主要设施设备、规模和服务范围。

宗教设施调查应主要包括寺院、宫观、清真寺、教堂、祠堂、经堂、神堂和其他宗教活动场所的调查，应会同县级以上人民政府宗教事务部门逐项调查其用地、人员、房屋、构筑物、设施等实物指标。

（8）其他项目。其他项目调查主要包括坟墓、标识物及其他的调查。分结构、形式进行调查统计；其他需要调查的项目可根据各工程的具体情况按照县级以上人民政府的规定进行调查。

4.1.2.2 涉藏地区实物指标特殊性

涉藏地区实物指标具有一定的特殊性，主要包括藏式房屋、藏式房屋装修、宗教设施等方面。

1. 藏式房屋

藏式传统建筑有着十分独特和优美的建筑形式与风格，与雪域高原壮丽的自然景观浑然一体，给人以古朴、神奇、粗犷之美感。藏族的居住区域多为高寒山区，藏族人民在这种特殊的地理环境中度过了漫长的岁月，在与大自然斗争的过程中，结合所处的自然地理环境发挥自己的聪明才智，同时吸取了各民族的建筑艺术优势并融合了其他地区的建筑特点，逐渐形成了自己独特的建筑风格。由于居住在高海拔山地，为抵御寒冷气候，藏式房屋总体具有墙体厚实、层高偏低、门窗尺寸不大的特点。另外由于藏式房屋墙体下部的功能较为丰富，房屋建筑基础深度较小，建筑基础与墙体结构几乎浑然一体，形成了一种"下厚上薄"自然收分的建筑特色。

藏式房屋建筑形式多样，富于变化，内容丰富。从空间上分，有依山建筑、平川建筑等；从建筑类型上分，有一层平房、多层楼房等；从屋面形式上分，有平顶房屋、坡面房屋等；从平面形式上分，有矩形、圆形和不规则多边形等。

　　藏式房屋多为石木结构（见图4.1和图4.2），也有土木结构（见图4.3）、木结构（见图4.4），房屋外墙厚实，风格古朴粗犷；外墙向上收缩，内壁仍为垂直，墙壁最厚处达1m之多，大多数墙壁上面都比下面薄，整面墙体里面和剖面均呈梯形，整个房屋冬暖夏凉。藏式房屋多为两层以上建筑，底层多作为牲畜的圈舍，二层多作为客厅、卧室、储藏室，三层多作为经堂供佛像、点酥油灯等。

图4.1　藏式石木结构典型房屋（1）

图4.2　藏式石木结构典型房屋（2）

图4.3　藏式土木结构房屋

图4.4　藏式木结构房屋

2. 藏式房屋装修

　　藏族人民特别注重房屋装饰装修，藏式房屋装修特点非常鲜明，按部位可包括外部装修和内部装饰。

外部墙体一般采用金黄色、深红色涂料进行喷涂（见图 4.3），这也是藏族人们所喜爱的颜色；窗户边框大多进行雕刻彩绘，色彩丰富，细致入微；住宅大院的门廊两壁绘有驭虎图，象征预防瘟疫带来吉祥，或者画财神牵象图，画中有行脚僧牵来大象载满珍宝，象征招财进宝之意。

内部装饰一般分卧室、客厅、经堂和厨房等部分。几乎所有的藏式家具都被绚丽的彩绘所覆盖，有的还有肌理变化，材质多为雪松或普通松木（见图 4.5），相对较软，需要雕刻的家具则选用稀有的高原硬木，藏式家具在装饰手法上别具一格，丰富多彩。一般藏桌为高 60cm、宽 80cm 的长方形，三面镶板，一面有两扇小门，桌腿形似狗腿；一般藏柜（见图 4.6）表面都绘有各种花纹、禽兽、仙鹤、寿星、八祥图，四周有回纹、竹节等图案，有的还采用珠宝或兽皮镶嵌、铁尖钉封边、雕刻等，色泽鲜艳动人，看上去十分富丽堂皇、狂野奔放；一般室内墙上方四周绘三色条纹花饰，下方涂乳黄或浅绿色颜料（见图 4.7），柱头梁面画有装饰图案（见图 4.8）。

图 4.5　原木家具

图 4.6　雕刻彩绘立柜

图 4.7　内墙装修

图 4.8　梁柱装修

3. 宗教设施

藏族宗教文化历史悠久，内涵丰富，范围广大，特别是自从公元 7 世纪佛教传入藏族地区之后，以佛教为主要特色的藏族宗教文化得到蓬勃发展。而宗教文化又是一个十分庞杂的文化体系，包含精神性文化、行为性文化、实体性文化，是藏族文化的重要组成部分，与移民安置相关的实物指标类型主要有寺院、转经房（洞科）、佛塔、嘛呢堆、水转经、经幡等。

（1）寺院。寺院指供奉佛菩萨的庙宇场所，是僧侣修行、信徒顶礼膜拜、宗教活动的地方，是具有多种综合功能的建筑群。

（2）转经房（洞科）。转经房（洞科）是指僧侣、信众日常诵经祈福，用于宗教仪式的一种固定场所。

（3）佛塔。涉藏地区民众一般认为，建造佛塔是一种积德造福的举动，无论僧俗都喜欢建造佛塔和朝拜佛塔，因此佛塔比较常见。

（4）嘛呢堆。嘛呢堆是以石块垒成方形或圆台形的石堆。过往的信徒在石堆上添加一两块白石或刻有六字真言❶的石块，日久成堆，路人过此，绕转一周以积"功德"。

（5）水转经。水转经是一种用水动力驱动经桶转动的宗教设施，是藏族宗教设施的重要组成部分，多分布在水资源丰富的山谷地带。

（6）经幡。经幡又叫"经旗""嘛呢旗"，是用白布或彩纸制成长条状小旗，上写六字真言及其他经文，扎制成串以供祈祷。经幡通常有立柱式、悬挂式、塔式三种。

4.1.2.3　实践情况

1. 藏式房屋

藏式房屋的分类主要按结构类型分为：藏房（石木结构）、藏房（土木结构）、藏房（土石木结构）、藏房（木结构）等，根据不同区域的藏式房屋建筑用料情况，藏房（石木结构）又细分为条石木、毛石木、混合石木等结构。对于藏式房屋可分层确定其结构。

（1）房屋建筑面积的计算，以房屋勒脚线以上外墙边缘（不以屋檐滴水界）所围的建筑面积量算，房屋面积按 m^2 计算，取至 $0.1m^2$。

（2）藏式结构房屋以外的其他房屋，多层建筑物楼板、四壁完整者，

---

❶　六字真言——唵嘛呢叭咪吽，梵文罗马拼音为：om-ma-ni-pad-me-hong，又称六字大明咒、六字箴言、嘛呢咒，是观世音菩萨心咒，源于古老的佛文与梵语中，常诵具有不可思议的功德和利益。

楼层净高（以该层前后外墙高的平均值）2.0m 以上（含 2.0m），按该楼层的整层面积计算；楼层层高 2.0～1.8m（含 1.8m）者，按该楼层的 0.8 层计；1.8～1.5m（含 1.5m）者，按该楼层的 0.6 层计；1.5～1.2m（含 1.2m）者，按该楼层的 0.4 层计；1.2m 以下者，不计楼层面积。

案例 4.3

藏 式 房 屋 结 构

　　两河口水电站藏式房屋主要为藏式条石木、藏式片石木、呷比和庄房。

　　双江口水电站藏式房屋主要为藏式条石木瓦、藏式条石木、藏式毛条混合石木瓦、藏式毛条混合石木、藏式毛条石木瓦、藏式毛石木和藏式土木结构。

　　叶巴滩水电站藏式房屋主要为藏式石木、藏式土木、藏式土石木和藏式木结构。

　　2. 房屋装修

　　根据涉藏地区的实际情况，房屋装修分地面、墙面、吊顶、柱、门窗、壁柜等装修部位，分材料进行调查登记，并丈量尺寸；经堂装修单独调查登记，并丈量尺寸。

　　（1）地面装修按材质主要分为藏式木地板、彩釉地砖、强化木地板、实木地板等种类，并按丈量面积进行登记。

　　（2）墙面装修一般分为藏式雕花彩绘木质墙面、墙纸、仿瓷墙面、乳胶漆墙面、装饰木板墙面、内墙瓷砖等类型，并按丈量面积进行登记。

　　（3）吊顶装修一般分为木质吊顶、石膏板吊顶、木望板等类型，并按丈量面积进行登记。

　　（4）柱装修装饰一般分为雕刻漆绘柱、雕刻柱、漆绘柱、装饰柱等，按照根数登记实物量。

　　（5）门窗一般分为雕刻漆绘门窗、雕刻门窗、漆绘门窗等，按照扇数登记实物量。

　　（6）壁柜一般是指对于经堂房以外的壁柜，是指镶嵌在石木房屋墙体中或层间隔板之间的木壁柜，具有储物功能，难以拆卸搬迁，按其空间大小记入实物量。一般分为藏式雕花彩绘木质橱柜、简易刻绘木质橱柜、藏式雕花彩绘木质立柜、藏式木质立柜等类型，按丈量体积进行登记。

　　（7）经堂装修一般分为地板、经柜、顶等类型，其中凡属于经堂房内的不可搬迁的经柜，按丈量体积进行单独登记。

案例 4.4

两 河 口 水 电 站

房屋装修的地面装修包括了藏式木地板、木地板、地砖；壁柜装修包括了藏式木质立柜、藏式彩绘木质橱柜、藏式雕花彩绘木质橱柜、藏式雕刻橱柜、简易彩绘木质橱柜、彩绘立柜；门窗装修中包括了雕刻漆绘窗、漆绘门窗、雕刻漆绘门、雕刻门；经堂装修包括了经堂木地板、经柜；墙面装修包括了藏式雕花彩绘墙面、藏式彩绘墙面、装饰木板墙面、巴苏、内墙瓷砖、乳胶漆、墙纸；柱装修包括了雕刻漆绘柱、漆绘柱；吊顶装修包括了木望板、木质吊顶、胶望板。

案例 4.5

双 江 口 水 电 站

房屋装修的地面装修包括了藏式木地板、木地板、彩釉地砖、实木地板；壁柜装修包括了藏式木质立柜、藏式彩绘木质橱柜、藏式雕花彩绘木质橱柜；门窗装修中包括了雕刻漆绘窗、漆绘门窗、雕刻漆绘门、雕刻门、铝合金；墙面装修包括了藏式雕花彩绘墙面、装饰木板墙面、仿瓷墙面、内墙瓷砖、外墙瓷砖、外墙防水涂料、乳胶漆、墙纸；吊顶装修包括了木望板、石膏板、木质吊顶。

案例 4.6

叶 巴 滩 水 电 站

房屋装修的地面装修包括了藏式木地板、木地板、地砖；壁柜装修包括了藏式木质立柜、藏式彩绘木质橱柜、藏式雕花彩绘木质橱柜、藏式雕刻橱柜、简易彩绘木质橱柜、彩绘立柜；门窗装修中包括了雕刻漆绘窗、漆绘门窗、雕刻漆绘门、雕刻门、铝合金；经堂装修包括了经堂木地板、经柜；墙面装修包括了藏式雕花彩绘墙面、藏式彩绘墙面、装饰木板墙面、巴苏、仿瓷墙面、内墙瓷砖、乳胶漆、墙纸；柱装修包括了雕刻漆绘柱、漆绘柱；吊顶装修包括了木望板、木质吊顶、胶望板。

3. 宗教设施

(1) 转经房（洞科）：房屋以 m^2 计，取至 $0.1m^2$，经筒以 m 计，取至 $0.1m$，根据转经房室内使用面积及诵经设施实际规模确定。

(2) 佛塔：以 m^3 和处计，按佛塔外壳不同材料分石质佛塔和钢筋混凝土佛塔，将佛塔分为基座、塔身、塔尖三部分，分别测算体积，求和得出佛塔总体积，单个佛塔计为 1 座，连片佛塔计为 1 处并注明佛塔数量。

(3) 嘛呢堆：分片石、卵石和混合等种类，以 m^3 为单位并以处计，根据其实际规模，现场丈量长、宽、高确定其体积。

(4) 水转经：与其外框、引水渠（管）等配套设施归并后以桶计，分小、中、大三种，分别以直径 40cm 以下、40～80cm、80cm 以上作为区分界限。

(5) 经幡：以杆、套、处计，经幡单杆幡计为 1 杆，挂幡按照经文套数计为 1 套，经幡以处计。

(6) 泥塑菩萨：以座及处计。

(7) 崖刻经文：以 m^2 和处计，现场丈量长、宽确定其面积，不足 $1m^2$ 时计为 $1m^2$。

案例 4.7

宗 教 设 施

两河口水电站宗教设施主要包括寺院、转经房（洞科）、佛塔、嘛呢堆、水转经、经幡、经幡塔、岩刻经文、土葬点、水葬点等。

双江口水电站宗教设施主要包括寺院、宗教活动点、转经房（洞科）、佛塔、嘛呢堆、水转经、经幡、经幡塔、岩刻经文等。

叶巴滩水电站宗教设施主要包括佛塔、嘛呢堆、水转经、经幡、经幡塔、岩刻经文、土葬点、水葬点、树葬点等。其中树葬点是叶巴滩水电站涉及的白玉县特有的一种宗教设施。

4. 宅基地

根据《水电工程建设征地实物指标调查规范》（NB/T 10102—2018）要求，宅基地面积应根据宅基地使用权证逐户调查统计，无宅基地使用权证的应由地方政府职能部门提供资料，并实地核实。

宅基地资料搜集

在孟底沟、波罗水电站开展实物指标调查时，由于涉藏地区房屋大多数都不具备相应产权证明材料，无相应的宅基地使用权证，地方政府职能部门也不能提供相应资料，因此在现场工作工程中要求土地勘界单位对搬迁移民户的宅基地进行现场测量，详细分解到户并进行张榜公示，做好第一手资料的搜集准备工作。

4.1.2.4 实践效果

（1）构建了适宜涉藏地区特色的移民实物指标调查项目体系，促进调查工作的顺利开展。实物指标调查工作开展前，项目法人、主体设计单位会同县人民政府以及住建、文化和宗教事务等主管部门，通过综合踏勘和座谈会的形式全面梳理了解建设征地范围内的建筑风格风貌、宗教设施和民族文化情况，编制好实物指标调查细则及工作方案，使实物指标调查内容全面，方法可行，调查项目契合涉藏地区实际。调查过程中配备专门的具有较好群众基础且会藏汉双语的地方政府工作人员，调查人员用尽可能简单的方式进行宣讲，使移民群众理解实物指标调查工作开展的目的，以此顺利推进实物指标调查工作。

（2）细化实物指标分类及调查方法，确保调查成果符合涉藏地区实际。一是在两河口、双江口水电站房屋调查过程中，根据房屋的结构类型大致分为藏式石木结构、藏式土木结构、藏式土石木结构、藏式木结构、框架结构、混合结构（砖混、石混）、砖木结构、土木结构、土石木结构、杂房和其他十一类，对于藏式房屋通过分层确定其结构。房屋装修结合藏式房屋装修特点主要分为地面、墙面、吊顶、柱、门窗、壁柜等装修。实践证明，相较于传统的按照房屋结构和用途分类，该分类方法适用于涉藏地区特殊的房屋结构和装修风格，房屋及装修实物指标调查成果得到了移民群众、地方政府和项目法人的高度认可，在具体实施过程中，均无重大异议，取得了较好的效果，并在金沙江上游水电工程开发过程中得到了广泛的应用。二是在两河口、叶巴滩水电站实物指标调查过程中，佛塔以 m^3 和处计，按佛塔外壳不同材料分石质佛塔和钢筋混凝土佛塔，按照基座、塔身、塔尖三部分分别测算体积，求和得出佛塔总体积，单个佛塔计为 1 座，连片佛塔计为 1 处并注明佛塔数量。相较于传统直接将佛塔分为大、中、小的分类方式，该方式更为详细地反映佛塔实物指标量，为后续佛塔补偿提供了更加细致的基础数据。无论是按照体积还是按处进行补偿皆有可靠的支撑。

（3）特殊宗教设施调查充分尊重地方宗教文化，调查结果得到地方宗教设施权属人和信众的认可。嘛呢堆、树葬群、水葬点、土葬点等宗教设施实物指标调查相较于其他宗教设施更加具有一定的宗教敏感性。叶巴滩水电站在实物指标调查过程中，通过现场调研、邀请德高望重的宗教人士指导、咨询相关专家等方式，了解其历史和仪式仪轨习俗，测算费用，在充分尊重地方宗教文化习俗和信仰的基础上，对其进行妥善处理。调查结果得到了地方宗教设施权属人和信众的认可，无群众提出重大异议，并得到有效实施，保障了区域内社会稳定。

（4）规范宅基地面积调查，为后续规划设计工作奠定了良好基础。根据《水电工程建设征地实物指标调查规范》（NB/T 10102—2018）要求，宅基地面积应根据宅基地使用权证逐户调查统计，无宅基地使用权证的应由地方政府职能部门提供资料，并实地核实。孟底沟、叶巴滩、波罗水电站对宅基地面积进行逐户调查统计，为后续规划设计工作提供了良好的基础。

4.1.3　移民安置方式

4.1.3.1　生产安置方式

1. 主要政策规定

根据《水电工程农村移民安置规划设计规范》（NB/T 10804—2021），移民安置方式应分为生产安置方式和搬迁安置方式。生产安置方式应划分为农业安置、逐年货币补偿安置、复合安置、自行安置及其他安置方式。

（1）生产安置方式应符合下列要求。

1）农业安置应通过配置土地资源，恢复移民农业生产条件，土地资源可通过土地开发、土地调整等方式筹措。①开发整理，对移民安置区内可以开发利用的土地进行统一的整治开发，并进行适当的基础设施建设，用于安置移民。②调剂土地，在土地资源相对较多地区采取土地有偿流转的方式，使移民拥有相当的土地资源用于种植业生产。

2）逐年货币补偿安置应对生产安置任务给予逐年货币补偿，恢复被征收耕（园）地影响的收入。

3）复合安置应根据资源条件、移民技能和意愿，通过部分配置土地或其他资源、部分货币补偿等多种措施相结合的方式，恢复生产条件和被征收土地影响的收入。

4）自行安置应根据移民自身条件和意愿，按政策给予补偿后，由移民自主获取生产资料或谋求生产出路。

（2）生产安置方式的选择应按省、自治区、直辖市有关规定执行。没有规定的宜符合下列要求。

1）土地资源相对丰富的地区宜优先选择以土为本的农业安置。

2）经移民自愿申请，满足地方移民安置政策的，可选择自行安置方式。

3）土地资源匮乏的地区，可按地方移民安置政策选择逐年货币补偿安置方式。

4）根据当地资源条件、移民意愿和技能、移民政策等可选择复合安置方式。

2. 面临困境

通过对四川涉藏地区已建、在建及移民安置规划审批通过的待建项目的移民安置方式进行总结，四川涉藏地区大型水电工程移民安置方式主要有农业安置、城集镇复合安置、养老保障安置、自行安置（自谋职业、自谋出路）、逐年货币补偿5种，较为广泛采用的是大农业安置、逐年货币补偿、自行安置。从各项目实践情况看，主要面临以下两方面困境。

（1）受四川涉藏地区特殊的地理环境条件制约，土地调剂难度大、土地开发成本高，农业安置难以适应涉藏地区环境。

（2）逐年货币补偿安置方式政策体系还不够完善，逐年货币补偿安置方式采取逐年发放土地两费❶的方式与国土法规定的一次性足额兑付土地两费的规定不一致，导致两河口水电站等项目在土地报件过程中遇到较大阻碍，即自然资源部门未认可该安置方式的资金兑付模式；同时，逐年货币补偿安置方式资金兑付年限为长期，绝大部分项目虽在移民安置规划中明确土地两费使用完后的资金从电站成本中列支，但缺乏政策文件支撑，部分项目运行期出现亏损情况后难以履行支付承诺，导致后续补偿资金得不到保障。

3. 实践情况

（1）农业安置土地筹措难度大、投入成本高。

1）土地调剂难度大。一方面，2003年3月1日起施行的《中华人民共和国农村土地承包法》，目的是稳定和完善以家庭承包经营为基础、统分结合的双层经营体制，赋予农民长期而有保障的土地使用权，维护农村土地

---

❶ 土地两费指土地补偿费和安置补助费。

承包当事人的合法权益，促进农业、农村经济发展和农村社会稳定。《中华人民共和国农村土地承包法》规定："国家保护承包方依法、自愿、有偿地进行土地调查经营权流转""土地调查经营权流转的主体是承包方。承包方有权依法自主决定土地承包经营权是否流转和流转的方式"。随着农村居民对土地重要性认识的提高和农业税的取消，从农村居民手中调剂出熟地越来越难。另一方面，四川涉藏地区耕种条件较好的土地主要分布在河谷、山顶，山腰多为陡峭地形，可利用土地资源少，河谷耕地被淹没后，愿意调剂的土地多为生产条件较差的土地，四川涉藏地区移民对社会组织有较强的依附性、有复杂的宗教关系、多样的文化风俗及移民收入的多样性等，在移民不具备大规模外迁的条件下，满足安置条件的可调剂耕地数量更少，增加了农业安置的难度。

2）土地开发成本高、难度大，产出效益低。由于地形地势条件差、交通不便，土地开发整理投入也较大。以大渡河流域土地开发整理情况为例，一般土地开发整理项目亩均投资 13 万～25 万元/亩；浅淹没区（一般在正常蓄水位以下 10m 范围内）垫高造地措施平均成本 10 万～30 万元/亩，最高达 92.41 万元/亩，见表 4.1。同时，由于配置土地分布高程较高，熟化时间长，产出较低，部分项目开发整理的土地已荒芜。

表 4.1　　　　大渡河流域部分生产安置项目投资情况表

序号	电站	项目名称	方式	规模/亩	亩均投资/(万元/亩)
1	猴子岩	子各里	开发整理	36	17.26
2		阿都地	开发整理	106	23.75
3		索龙沟	开发整理	47	19.39
4		门角地	垫高造地	35	85.97
5	长河坝	章古山	开发整理	82.8	18.52
6	黄金坪	舍联三组	垫高造地	192	13.13
7		长坝	垫高造地	264	13.63
8	泸定	伞岗坪	开发整理	423.17	13.64
9		沙湾砖厂	垫高造地	40.12	92.41
10	老鹰岩一级	礼约河口	垫高造地	33	26.91
11		海子凼	垫高造地	10.8	10.71

（2）积极推行逐年货币补偿安置方式，解决土地资源不足问题。逐年货币补偿安置是指不依靠土地等要素资源进行安置，而以逐年发放现金的形式使移民可以长期维持生产生活水平不降低，这也是现在国内水电工程广泛探索的安置方式。它主要以淹没影响的耕（园）地为基础，按土地面积或按安置人口数量给予实物或现金补偿，补偿的时间一般与电站运行时间一致。

此种安置方式应该是现在广大移民群众比较容易接受的一种安置方式，其优势表现为：一是不受耕地后备资源量制约，不再以土地作为恢复移民生活水平措施，因此，剩余资源不制约逐年货币补偿安置方式的实施；二是采用逐年货币补偿的生产安置方式后，移民不需远迁，原有建设征地范围外野生资源可继续获得；三是逐年货币补偿安置使移民有长期稳定的收益，家庭劳动力可全部从事其他工作，进一步提高其收入水平；四是采用逐年货币补偿的生产安置方式后，移民不需远迁，原有社会网络关系、宗教供养关系得到维系，避免了因信仰教派不同给移民安置工作带来的困难，同时保障了寺院和信众间原有供养关系不变；五是逐年货币补偿的安置方式对原有社会网络、宗教关系和野生资源采集收入基本没有影响，且逐年货币补偿安置使移民有长期稳定的收益，移民满意度较高。

案例 4.9

两河口水电站逐年货币补偿安置成效显著

两河口水电站是四川省第一批试点逐年货币补偿安置方式的项目，实施阶段建设征地共征收耕（园）地 5313.12 亩，共需生产安置 6664 人，根据移民意愿调查成果纳入逐年货币补偿的耕（园）地面积为 4677.48 亩，相应生产安置人口 5968 人，占比约 85%。采用逐年货币补偿安置方式使得移民收入水平可确保不低于原有收入水平，运行期还将根据全省征地统一年产值动态调整（2015 年已调整 1 次），移民收入逐步提高；同时，也减少了移民垦荒种植土地的压力，使移民能够放手发展山地经济、水面养殖和从事工商企业、外出务工等，有利于促进农村产业结构的转化和生态环境保护，增加了移民收入；再加上政府的后期扶持，使得移民满意度较高，有力促进了移民安置工作的开展，至 2019 年年底，两河口水电站农村生产安置人口 6664 人的安置工作已全部完成，较工程蓄水提前 1 年。

（3）养老保障选择有条件，实施比例较小。随着移民人口年龄增长，体力下降是必然，生产效率将逐步降低，而发放的养老保障金标准是省政府按照能够达到其原有生产水平制定的，因此养老保障是解决老龄移民生活较好的安置方式。四川省从 2013 年起陆续对养老保障安置标准进行了调整，2022 年年底已调整为 615 元/（人·月），发放年限为 20 年，大大超过以农安置移民人均年收入，且会随着社会经济的发展、物价水平的提高而增加，有效缓解了移民有土安置压力，解决了老龄移民的后顾之忧。但是由于采用养老保障安置的移民选择条件为到规划水平年前男满 60 周岁、女满 55 周岁，符合条件的移民数量占比较小，因此，各电站实际选择该安置方式的移民数量占比较小，该安置方式与被征地农民社会保障政策也存在较大差异，难以大面积推广。

（4）积极推行自行安置方式，移民接受度高。根据 2008 年 11 月四川省发展和改革委员会《关于我省大中型水电工程移民安置政策有关问题的通知》（川发改能源〔2008〕722 号）规定，选择自行安置的移民，发放按规划安置标准计算出的土地补偿费和安置补助费解决生产生活出路问题，安置标准参照本集体经济组织的农业安置标准确定，或者按实物指标调查耕（园）地数量为基础计算。该安置方式有效保障了移民基本生活需要，释放了劳动力，缓解了有土安置压力，采取平均化的安置水平也普遍被移民所接受，从各典型项目实践情况看，随着统一年产值标准的提高、区片综合地价政策出台，自行安置方式实施比例在实施阶段呈上升趋势，移民接受度较高。

4. 实践效果

（1）集中农业安置不适宜四川涉藏地区环境。总体来看，结合四川涉藏地区现有耕地后备资源情况及环境容量分析成果，在不远迁的前提下可适当安置部分移民，但环境容量有限，全部采取有土安置的方式难度大，投入产出的效益较低，难以适应涉藏地区移民安置环境。大渡河流域部分项目为不改变移民传统生产生活方式，仍要求开发造地安置移民，投入了大量人力、物力和资金，效果较差。

（2）养老保障局限性较大。受养老保障安置的移民选择条件限制，各水电站实际选择该安置方式的移民数量占比较小，该安置方式与被征地农民社会保障政策相比，存在适用范围狭窄、保障内容较少等诸多弊端，难以大面积推广。同时，由于安置标准存在动态调整，规划资金也同逐年货币补偿安置方式一样存在资金缺口问题，现在瀑布沟水电站已采取后续不足资金从预备费列支，老鹰岩一级水电站在规划阶段分村组按不同安置方式单独平衡的方式尽量减少资金不足问题，长期来看，资金缺口问题将进一步凸显。

（3）自行安置方式保障性较低。从各典型项目实践情况看，随着安置标准的提高，自行安置方式实施比例在实施阶段呈上升趋势，移民接受度较高。该安置方式可有效释放劳动力、缓解有土安置压力，也符合自然资源部门相关规定，适宜涉藏地区土地资源不足的环境特点；但该安置方式将土地补偿费一次性兑付后，移民自行经营其生产生活，由于移民经营能力差异大，其经营存在风险，一旦经营不善移民的生产生活难以得到长期持续的保障。

（4）逐年货币补偿优势突出，需持续完善。从实践情况看，逐年货币补偿安置方式在实施层面优势突出：一是该安置方式不受耕地后备资源量、社会网络关系、宗教信仰关系制约，对原有社会网络、宗教关系和野生资源采集收入基本没有影响，适宜性较强；二是对土地筹措困难的地方，切实解决了人地矛盾问题，降低了土地筹措难度和安置工作难度；三是逐年货币补偿安置使移民有长期稳定的收益，解放了劳动力，进一步提高其收入水平，移民满意度和接受度均较高。在两河口水电站逐年货币补偿安置方式的成功基础上，四川省甘孜州已全面推广逐年货币补偿安置方式，雅砻江流域、金沙江流域在建、拟建的牙根一级、孟底沟、波罗等水电工程均主张引导移民选择逐年货币补偿安置方式。

逐年货币补偿存在以下不足：一是自然资源部门在办理土地报件审批过程中，仍然对逐年货币补偿安置方式的资金兑付方式未予认可，造成水电工程土地报件遇到较大困难；二是电站运行阶段存在电价调整、上网电量受限等风险因素，电站运行可能出现亏损情况，逐年货币补偿资金后续资金保障存在一定风险。

因此，逐年货币补偿安置方式需要不断完善政策框架体系，保障资金来源长期、可靠。

4.1.3.2 搬迁安置方式

1. 主要政策规定

根据《水电工程农村移民安置规划设计规范》（NB/T 10804—2021），搬迁安置方式按搬迁距离和行政隶属关系宜分为就近安置、远迁安置和外迁安置；按集中程度宜分为集中安置和分散安置。

搬迁安置方式宜根据移民生产安置方案和安置区建设条件、基础设施现状、移民安置标准，结合移民意愿及移民安置区居民意见分析选择。

搬迁安置环境容量应在分析安置点周边生产安置容量的基础上，根据移民安置区可筹措的居民点建设用地数量，考虑地形地质条件、基础设施、公共服务设施、风俗习惯、宗教文化等因素，分析选定范围内可用建设用地规模和可容纳的搬迁人口数量。

2. 面临困境

四川涉藏地区移民安置区川西高原高山峡谷的地貌特征显著，河谷地带洪水、泥石流、危岩崩塌、滑坡等地质灾害时有发生，这使得按照将居民点位置选择在居民迁移线以上的安全地区的首要选址原则存在较大困难，需要开展大量的勘察论证工作，移民安置安全风险较平原丘陵地带高出许多，加上需要考虑安置点对外交通、电力通信等设施配套工程，集中安置点选址方案比选更是难上加难。

3. 实践情况

（1）合理确定分散安置基础设施标准，引导移民分散安置。分散安置基础设施补偿一般考虑新址场地准备、场平工程、内部基础设施建设（排水、道路、供水、供电）等。

从四川涉藏地区水电开发进程看，大渡河流域从早期的泸定水电站开始逐步启动了上游长河坝、黄金坪、猴子岩、双江口等项目，雅砻江流域逐步启动两河口、孟底沟等项目，金沙江流域逐步启动了苏洼龙、叶巴滩、波罗等项目。2010 年以前通过移民安置规划审批的项目，主要有泸定、黄金坪、长河坝、猴子岩等水电站，主要考虑建设条件和流域平衡的因素，审定的分散安置基础设施补偿标准基本位于 1 万元/人的水平；2012 年以后通过移民安置规划审批的项目，主要有两河口、双江口、苏洼龙、叶巴滩等水电站，考虑建设条件的因素，审批的分散安置基础设施补偿标准超过了 2 万元/人。

总体来看，分散安置基础设施补偿标准高的项目，移民选择分散安置方式的比例大。此外，部分项目在实施过程中由于物价水平上涨等原因调整了分散安置基础设施费，对移民搬迁安置方式的选择影响明显。如双江口水电站 2011 年审批分散安置基础设施费补偿标准为 2.11 万元/人，原规划分散安置移民占比为 4%，2016 年调整至 2.4 万元/人后，引起了移民搬迁安置方式的变化，选择分散安置的移民占比提高至 54%。

案例 4.10

两河口水电站分散安置成效显著

两河口水电站根据库区情况选择了具有代表性的两种情况分别进行了

场地平整设计，取两种情况的均值作为分散安置场地平整费。规划的居民点的宅基地划分为四种，分别为三人及三人以下户120m²、四人户160m²、五人户200m²、六人及六人以上户240m²，根据库区实际情况，取占比较大的四人户开展典型设计工作。通过综合两河口水电站五个居民点现状地形坡度，典型设计的地形坡度取五个居民点坡度平均值。针对四人户户型场地平整，共做了"宅基地前后修建挡墙、两侧采用放坡"和"宅基地四周分别修建挡墙"两个方案计算平均场地平整费用。同时考虑了土地使用权流转、排水工程、对外交通、供水、供电等工程后，分散安置移民基础设施费为2.82万元/人。

两河口水电站原规划搬迁安置农村移民6409人，采取分散安置4754人（占比为74%），集中安置1655人。实施阶段界定农村移民搬迁人口7160人，移民经充分比较各类安置方式的适宜性后，自愿采取分散安置的人数增加至6615人，占比达93%。大量移民分散安置后，搬迁安置进度不再受集中居民点建设进度制约，实施各方按照签订协议、启动建房查验、搬迁入住查验的节点兑付补偿房屋和分散安置基础设施费用的模式，督促检查分散安置进度，确保了两河口水电站农村移民在2019年基本完成搬迁安置，较工程蓄水提前了1年。

（2）居民点选择平缓安全地带，适当控制规模并优化布局。受地形地质条件限制，涉藏地区移民安置居民点选择较为困难，位于河谷地带的区域，交通、电力、通信、就医就学条件相对较好，但很多场地可能受到泥石流、危岩崩塌、滑坡等地质灾害威胁，可选择面较窄，安置规模有限；位于半山或山顶的区域，地质条件相对较好，但基础设施建设条件薄弱，需要配套建设的对外连接道路、外部电力和通信等基础设施距离较长、规模较大、投资较高。因此，四川涉藏地区水电工程移民安置实践过程中，首要选择相对平缓安全、配套基础设施相对容易的地带，并尽量控制安置规模、依山就势优化场地布局，尽量避免建设工程量大、投资高、配套设施难的居民点选址，这是移民安置规划设计的要点和重点之一。

（3）多渠道筹集资金整合居民点建设，以旅游促发展。随着社会经济的发展，我国已提出全面迈入小康社会的发展目标。大中型水利水电工程移民安置在我国发展已历经半个世纪，移民安置规划目标为"达到或超过移民原有生产生活水平"。由于大部分水电工程位于偏远山区，移民原有生产生活水平普遍较低，能否通过移民安置规划使移民达到或者接近小康生活水平，成为了移民安置实施各方争议的焦点。随着经济的发展和人民生活水平的进一步提高，旅游业在国民经济中的地位和作用越来越重要，国内旅游经济也呈现了高速稳定增长的局面，四川涉藏地区更是将旅游发展作为经济发展措施的重中之重。近年来，川西高原旅游产业发展迅速，G318 自驾游、徒步游、骑行游，海螺沟—新都桥—甲居藏寨—四姑娘山小环线，康定—丹巴—金川—马尔康—若尔盖—九寨黄龙大环线等旅游热度高升，甘孜州更是提出了全域旅游概念，而大渡河、雅砻江、金沙江区域水电工程项目也均位于这些重要旅游环线上，具备良好的旅游发展条件。因此，部分水电工程移民安置实践了移民安置点规划设计与旅游发展结合的方式，且效果较好。

将移民安置点打造与旅游发展进行结合，有利于促进当地经济发展、改善移民居住环境、保障移民收入稳定增长、维护社会稳定，是创新现代农业、加快缩小城乡差距、确保如期实现全面小康的有效途径，是移民安置政策所支持和鼓励的。

中共中央、国务院 2016 年发布的《关于落实发展新理念加快农业现代化实现全面小康目标的若干意见》要求大力发展休闲农业和乡村旅游。依托农村绿水青山、田园风光、乡土文化等资源，大力发展休闲度假、旅游观光、养生养老、创意农业、农耕体验、乡村手工艺等，使之成为繁荣农村、富裕农民的新兴支柱产业。强化规划引导，采取以奖代补、先建后补、财政贴息、设立产业投资基金等方式扶持休闲农业与乡村旅游业发展，着力改善休闲旅游重点村进村道路、宽带、停车场、厕所、垃圾污水处理等基础服务设施。积极扶持农民发展休闲旅游业合作社。引导和支持社会资本开发农民参与度高、受益面广的休闲旅游项目。

《大中型水利水电工程建设征地补偿和移民安置条例》（国务院令第 471 号）中规定"国家实行开发性移民方针，采取前期补偿、补助与后期扶持相结合的办法，使移民生活达到或者超过原有水平"，要求大中型水利水电工程建设征地补偿和移民安置应遵循"可持续发展，与资源综合开发利用、生态环境保护相协调；因地制宜，统筹规划"的原则。"在提高后期扶持标准帮助解决水库移民温饱问题的同时，要继续从其他渠道积极筹措资金，加大扶持力度，解决库区和移民安置区长远发展问题"。

我国水电资源丰富、移民安置量大的四川省出台的《四川省新农村综合体建设规划编制技术导则》，提出了"具有旅游功能、发展条件较好、或规模较大的综合体，应在区分内部新村（聚居点）等级的基础上，进一步增建中小学校、幼托、养老、邮政、金融服务网点、农贸市场、特色商品市场，以及宾馆、饭店、茶室、棋牌和游人中心等公共服务设施"，从移民安置规划角度首次提出了移民安置规划与旅游发展结合的细化指标。

苏洼龙水电站南戈移民新村

苏洼龙水电站坝址所在地巴塘县，结合移民安置规模及周边旅游资源情况、地理位置情况，将南戈移民新村安置点确定为旅游新村，主导产业为民宿接待、旅游商贸及餐饮、温泉休憩等，并通过旅游、民政、财政、交通等多行业筹措资金与移民资金进行整合，采取引进温泉开发技术并给予产业扶持补助等措施，打造了高标准的移民新村（见图 4.9 和图 4.10），大大提高了移民收入（2023 年户均旅游收入约 10 万元/年），确保了长期可持续发展和社会稳定。

图 4.9　南戈移民新村村貌（1）　　　图 4.10　南戈移民新村村貌（2）

毛尔盖水电站泽盖风情小镇

泽盖风情小镇是毛尔盖水电站四个移民安置点其中之一，居民全部来自毛尔盖水电站库区，涉及两个乡镇的 4 个村组，共计 222 户村民。

在毛尔盖水电站移民安置工作中，项目法人与四川省阿坝州黑水县党委、政府充分沟通，经过科学分析，结合灾后重建和电站移民安置工程、旅游资源开发等契机，将水电站移民安置点集中打造成为集住宅安置、生态绿岛、彩林景观、民俗体验、生态农业观光于一体的具有藏族特色的旅游风情小镇。如今移民依靠旅游接待，生活来源有保障，幸福指数较高。

4. 实践效果

（1）引导分散安置为主的安置方式可有效推进安置进度。从实践情况看，雅砻江流域、金沙江流域在大渡河流域实践的基础上适当提高分散安置基础设施补偿标准，从补偿费用的角度引导了大量移民选择分散安置方式，一方面，有效解决了四川涉藏地区高原峡谷地区集中安置点选址困难、安置点基础设施配套工程代价高和建设难的问题，减轻了集中安置工作压力；另一方面，从涉藏地区集中安置点场地筹措、基础设施配套实践情况看，集中安置点建设代价高是普遍现象，分散安置投资远远低于集中安置投资，也大大缓解了项目法人投资压力。另外，分散安置基础设施和房屋建设在实施时间长短、实施难易程度、对环水保影响大小方面均优于集中安置，对移民安置进度保障更为有利。两河口水电站正是因为引导了6615人移民（占总移民数的93%）采取分散安置方式，农村移民搬迁安置工作得以在蓄水前全面完成，取得了零过渡、零上访的良好效果。因此，合理确定分散安置基础设施补偿内容和标准，引导移民以分散安置为主、集中安置为辅的搬迁安置方式，是适宜四川涉藏地区移民安置工作的有效措施。

（2）多渠道筹集资金可有效促进移民发展。四川涉藏地区水电工程移民安置区域基本位于旅游线路上，从实践情况看，地方政府采取有效措施，多渠道筹集资金，将安置点建设与旅游开发有机结合，适当提高安置点建设标准，打造具备旅游接待条件和能力的安置点，以旅游经济促进移民发展的项目，实施效果均较好，移民收入稳定，幸福指数较高。因此，多渠道筹集资金整合安置点规划建设，以旅游促发展是适宜四川涉藏地区移民安置工作的有效措施。

4.1.4　补偿补助项目及标准确定

补偿补助项目及标准确定是水利水电工程建设前期工作的重要内容，也是项目参与各方最关心的问题，妥善合理处理补偿补助问题，事关移民安置实施顺利与否以及库区和谐稳定。涉藏地区移民安置工作中，民俗文化、实物对象特点鲜明，在现有移民常规补偿项目基础上，研究建立了适宜于涉藏地区的补偿补助标准体系，充分尊重和保护了民风民俗，降低了移民安置工作难度，有力促进了移民安置工作的开展。

4.1.4.1　主要政策法规

《中华人民共和国土地管理法》规定："征收土地应当依法及时足额支

付土地补偿费、安置补助费以及农村村民住宅、其他地上附着物和青苗等的补偿费用，并安排被征地农民的社会保障费用⋯⋯对其中的农村村民住宅，应当按照先补偿后搬迁、居住条件有改善的原则，尊重农村村民意愿，采取重新安排宅基地建房、提供安置房或者货币补偿等方式给予公平、合理的补偿，并对因征收造成的搬迁、临时安置等费用予以补偿，保障农村村民居住的权利和合法的住房财产权益"。

《大中型水利水电工程建设征地补偿和移民安置条例》（国务院令第679号）规定："被征收土地上的附着建筑物按照其原规模、原标准或者恢复原功能的原则补偿；对补偿费用不足以修建基本用房的贫困移民，应当给予适当补助"。

《关于做好水电开发利益共享工作的指导意见》（发改能源规〔2019〕439号）规定："（一）完善移民补偿补助。统筹原有房屋与安置地新建房屋的建设条件和建设要求，分析新建房屋合理成本，科学确定房屋补偿标准，保障农村移民居住权和合法的住房财产权益⋯⋯（二）尊重当地民风民俗和宗教文化。充分考虑当地风俗民情、宗教文化特点，合理确定补偿补助项目和标准，保护当地民族文化，提升移民安置水平⋯⋯完善征收民风民俗设施及宗教活动场所、宗教设施补偿办法。"

《水电工程建设征地移民安置补偿费用概（估）算编制规范》（NB/T 1087—2021）系统规定了建设征地移民安置补偿费用项目划分、费用构成，对土地补偿费和安置补助费、青苗补偿费、林木补偿费、房屋及附属建筑物补偿费、搬迁补助费等费用的确定做了相应规定。其中，明确房屋补偿标准应统筹原有房屋与规划安置地新建房屋的建设条件和建设要求，按新建房屋合理重置成本分析确定。附属建筑物补偿标准应按省级人民政府的有关规定执行，没有规定的可按照重置成本的原则分析确定。

总体来看，现行国家法律法规和行业规范对补偿补助项目及标准对移民现有常规补偿补助项目有较为完善的规定，同时提出了尊重当地民风民俗和宗教文化、合理确定补偿补助项目和标准的政策要求。

4.1.4.2　涉藏地区补偿补助特殊性

涉藏地区水电工程涉及的实物指标，与内地相比较，在房屋结构、房屋装修、宗教设施等方面存在较大差异，因此，涉藏地区补偿补助项目在房屋结构、房屋装修、宗教设施等方面有其特殊性。

（1）由于涉藏地区特有的生活习俗及宗教文化，涉藏地区移民居住房屋结构上明显有别于其他地区。例如两河口水电站建设征地涉及各乡村农村人口主要为藏族，具有很强的康巴藏族特色，其移民房屋主要按结构类型分为藏式条石木、藏式片石木、藏式木结构、呷比和庄房五种结构房屋；双江口水电站移民也多为藏族移民，其房屋结构在传统的框架、砖混、砖木结构之外，单独计列了藏式石木结构和藏式土木结构，其中藏式石木结构包含条石木瓦、条石木、毛条混合石木瓦、毛条混合石木、毛石木瓦、毛石木。因此，需针对涉藏地区特殊的房屋结构提出补偿补助项目及标准。

（2）涉藏地区移民的房屋装修具有显著的藏族特色，涉及藏式雕花彩绘等。例如两河口水电站在门窗装修、墙面装修、柱装修、地面装修、柜装修、顶棚装修等方面均针对藏式雕花彩绘单独提出了补偿补助项目及测算补助标准；双江口水电站在门窗装饰、地面装饰、墙面装饰等方面针对藏式风格也单独提出了补偿补助项目及测算补助标准。

（3）涉藏地区移民涉及的宗教设施种类较多，需针对其特有的宗教设施提出相应的补偿补助项目及标准。此外，在宗教设施搬迁中，涉及部分宗教设施的宗教仪式仪轨活动，需给予相应的补偿补助。同时，考虑到涉藏地区特殊风貌，为充分尊重民族习俗，需计列相应建筑风貌补助。

（4）林下资源收入是涉藏地区移民的主要收入之一，移民通过采集虫草、羌活、大黄、贝母等野生药材和松茸等野生菌类来获取收益。涉藏地区移民因其传统领地性观念很强，对于采取远迁安置的，其柴山、草山和药山等林草资源多数不作调整，移民仍可使用原有林草资源，因此，需考虑移民具备继续使用原有林草资源的条件而需要增加的建设或补助项目及费用。

4.1.4.3　实践情况

（1）结合藏式结构房屋特点，据实分析测算补偿标准。针对藏式结构房屋的特殊性，现今多数电站采取分结构类型按重置价补偿的原则，考虑涉藏地区房屋附属建筑物木材用量大、雕刻工艺多等特点，通过现场选择典型，同时考虑房屋抗震加固等因素进行测算。

2020 年 11 月，四川省人民政府发布了《关于同意各市（州）征地青苗和地上附着物补偿标准的批复》（川府函〔2020〕217 号），明确了四川省各地藏房（石木结构）、藏房（土木结构）、藏房（木结构）的补偿标准，大部分项目采取直接采用或以此为基础测算的方法确定补偿单价。

案例 4.13

两河口水电站藏式结构房屋补偿

建设征地涉及的藏式结构房屋补偿测算采用分结构类型按重置价补偿的原则，房屋补偿单价测算对藏式条石木、藏式片石木、藏式木结构呷比和庄房等结构房屋进行还原设计重置房屋价格，通过现场调查房屋各类基础数据，绘制房屋图纸，标出尺寸，并在室内还原成设计图，根据还原图计算出各种工程量，同时考虑抗震加固费用，测算出房屋重置价格。其附属设施补偿，考虑涉藏地区房屋附属建筑物木材用量大、雕刻工艺多等特点，通过分部现场选择典型，绘制施工图，计算工程量，按照建设征地区统一建筑材料价格进行分析测算。

案例 4.14

双江口水电站藏式结构房屋补偿

建设征地涉及藏式结构房屋补偿标准也采用分结构类型按重置价补偿的原则进行测算，对于藏式土木结构、砖木结构房屋，根据实地调查，进行典型施工图设计，并计算工程量，进行测算；对于建设征地涉及砖混结构和框架结构的数量相对较少的情况，根据同流域其他电站典型调查房屋主要材料用量并分析测算。同时，考虑房屋抗震加固，计列房屋抗震加固补助费用。

（2）结合装修工艺特点，据实分析测算装修补偿标准。针对藏式房屋装修的特殊性，多数电站采取有别于常规房屋装修，按重置价补偿的原则，考虑涉藏地区房屋装修雕刻、彩绘工艺等，通过现场选择典型，进行分析测算。

以两河口水电站为例，在门窗装修、墙面装修、柱装修、地面装修、柜装修、顶棚装修等方面均针对藏式雕花彩绘单独提出了补偿补助项目及测算补助标准。通过现场选择典型，调查了解其施工工艺，按照建设征地区统一建筑材料价格进行分析测算。

（3）考虑设施重置和仪式仪轨，分析确定宗教设施补偿标准。涉藏地区移民涉及的宗教设施主要有寺院、佛塔、转经房（洞科）、嘛呢堆、经幡、崖刻经文、水转经、水葬点等。宗教设施的补偿单价采用重置价格确定，通过现场选择典型，绘制图纸，计算工程量，并结合建设征地区建筑材料价格分析计算，同时考虑宗教仪式仪轨活动费用。

2020 年 11 月，四川省人民政府发布了《关于同意各市（州）征地青苗和地上附着物补偿标准的批复》（川府函〔2020〕217 号），明确了四川省各涉藏地区佛塔、嘛呢堆、转经房（洞科）、水葬点等常见涉藏地区宗教设施补偿标准，大部分项目采取直接采用或以此为基础测算的方法确定补偿单价。

案例 4.15

双江口水电站宗教设施补偿

电站涉及闪珠寺、丛昆寺、扎若寺、更登寺、康生寺、年克寺、老年克寺、扎尔都寺等 8 座寺院，按"原规模、原标准、恢复原功能"制定补偿标准，进行复建或补偿。补偿费主要包括建筑物补偿、壁画等补偿、宗教仪轨、搬迁费用、新址占地和基础设施补偿费。

涉及私人藏经楼 1 座。藏经楼补偿包括建筑物、附属设施及装修等直接费用补偿和宗教仪轨费用补偿，其中：建筑物等直接费用参照农村同结构房屋、附属设施、装修补偿计算；宗教仪轨费用包括拆藏经楼时念经的费用、选择藏经楼新址择地、奠基的宗教费用和新藏经楼建成的开光典礼费用。

涉及佛塔 25 座，主要为菩提塔。佛塔迁建补偿包括塔体建筑物补偿、内脏搬迁补偿、宗教活动费三部分。塔体建筑物补偿费考虑塔基础修建、塔体修建、塔顶修建、塔体外装修费用等。佛塔内脏主要填充五谷杂粮、武器、金银财宝、药材、经书、法器、佛像、圣物等，一般按补偿处理；对于重要的佛塔内脏，由于其价值难以估量，可在当地僧众的监督下，取出内脏并迁入新塔处理，计列相关搬迁补偿费用。根据涉藏地区的宗教习俗，佛塔的建设和搬迁均需要一整套法事活动，其程序与寺院的建造和搬迁相同，需计列开光、新址选择宗教活动费等。

涉及转经房 3 座。转经房补偿包括房屋建筑屋补偿、壁画补偿、宗教费用补偿项目。其中房屋建筑补偿单价同农村各类结构房屋补偿单价；房内壁画同寺院壁画补偿标准；同时计列转经房新址选择和开光宗教费用。

涉及的嘛呢堆、经幡等，按照涉藏地区风俗习惯，一般不搬迁，通过采取典型调查，测算其补偿补助费，同时考虑开光等宗教活动费用。

（4）增列特有补助项目。涉藏地区移民因其特有的宗教风俗和生活习惯，部分项目针对涉藏地区移民特殊情况计列了相关特有补助项目。

以双江口水电站为例，因其移民传统领地性观念很强，对于远迁移民，其柴山、草山和药山等资源未作调整，仍使用原村资源，规划对远迁移民户在原村草山和药山上新建生产住房，满足移民放牧和采药的生活住宿需要；对村组居民需全部远迁的村庄，在原村草山上新建网围栏，保障移民的环境资源不受损失，同时计列柴火运输费。

4.1.4.4　实施效果

四川涉藏地区移民安置补偿补助项目及标准的确定，基本考虑了藏式房屋结构、房屋装修、宗教设施等涉藏地区特色，采用典型测算重置单价的方法，同时考虑了涉藏地区风俗习惯，对宗教设施增加了仪式仪轨等补偿补助，移民对补偿补助项目和标准满意度较高。两河口和双江口水电站建立了完善的补偿补助标准体系，科学合理地确定适宜涉藏地区的补偿项目和标准，均在下闸蓄水前完成移民补偿补助资金兑付和搬迁安置，保障了电站顺利建设，具有较强的参考借鉴性。

4.1.5　集镇和居民点规划

4.1.5.1　主要政策规定

《中华人民共和国城乡规划法》（2019年修订）第四条规定："制定和实施城乡规划，应当遵循城乡统筹、合理布局、节约土地、集约发展和先规划后建设的原则，改善生态环境，促进资源、能源节约和综合利用，保护耕地等自然资源和历史文化遗产，保持地方特色、民族特色和传统风貌，防止污染和其他公害，并符合区域人口发展、国防建设、防灾减灾和公共卫生、公共安全的需要。"第十八条规定："乡规划、村庄规划应当从农村实际出发，尊重村民意愿，体现地方和农村特色。"第二十九条规定："城市的建设和发展，应当优先安排基础设施以及公共服务设施的建设，妥善处理新区开发与旧区改建的关系，统筹兼顾进城务工人员生活和周边农村经济社会发展、村民生产与生活的需要。"

《中华人民共和国土地管理法》（2019年修订）第十七条规定："统筹安排城乡生产、生活、生态用地，满足乡村产业和基础设施用地合理需求，促进城乡融合发展；保护和改善生态环境，保障土地的可持续利用。"第六十二条规定："农村村民一户只能拥有一处宅基地，其宅基地的面积不得超过省、自治区、直辖市规定的标准。"

《大中型水利水电工程建设征地补偿和移民安置条例》（国务院令第679号）第十一条规定："编制移民安置规划应当尊重少数民族的生产、生活方式和风俗习惯；移民安置规划应当与国民经济和社会发展规划以及土地利用总体规划、城市总体规划、村庄和集镇规划相衔接。"第十三条规定："对农村移民安置进行规划，应当坚持以农业生产安置为主，遵循因地制宜、有利生产、方便生活、保护生态的原则，合理规划农村移民安置点，有条件的地方，可以结合小城镇建设进行。"第十四条规定："对城（集）镇移民安置进行规划，应当以城（集）镇现状为基础，节约用地，合理布局。"第三十五条规定："农村移民集中安置的农村居民点应当按照经批准的移民安置规划确定的规模和标准迁建。"

《镇规划标准》（GB 50188—2007）5.4 章节规定："建设用地应避开河洪、海潮、山洪、泥石流、滑坡、风灾、发震断裂等灾害影响以及生态敏感的地段；在不良地质地带严禁布置居住、教育、医疗及其他公众密集活动的建设项目。因特殊需要布置本条严禁建设以外的项目时，应避免改变原有地形、地貌和自然排水体系，并应制订整治方案和防止引发地质灾害的具体措施。"

总体来看，现行国家法律法规和水电行业技术规范对移民安置集镇、居民点规划原则、标准及制定有较为完善的规定，同时提出了尊重当地生产、生活方式和风俗习惯，从实际出发，合理确定移民安置规划原则、标准的政策要求。

4.1.5.2　面临困境

（1）安置场地选址需要充分考虑地形地质条件复杂及藏式建筑宅基地占地大的情况。涉藏地区水电项目多处在各流域所在的深山峡谷区域，两岸河谷深切、河床狭窄、山体高大、谷高坡陡，在河流两岸用地蓄水淹没以后，用地条件极为紧张，给水电搬迁安置规划居民点选址工作带来了极大的困难。近年来，电站居民点选址新址多位于两岸相对较为平缓的坡地、库区垫高防护造地或者海拔较高的台地，无论是何种选址方案，都无一例外地存在容量、空间不足的情况。涉藏地区村民房屋以藏式石木结构为主，具有厚重的墙体结构，墙体由片石和泥浆组成，自下而上、由厚到薄。房屋一般在 2.5～3.5 层，底层为圈舍、第二层为客厅和厨房、第三层为卧室、顶层为经房及晒坝。房屋要求有较好的日照条件同时还喜欢独门独院，房屋周边需要有一定的土地以满足其日常生活生产需要，并且一般不接受联排建设的方式。藏式房屋的厚墙结构、朝向、间距等导致宅基地占地大，指标常超过规定标准，给安置场地的选择带来了一定难度。

（2）基础设施、公共服务设施配套需要充分考虑当地社会经济发展相对滞后、区域基础配套不完善的情况。随着移民投入不断提高，移民的温饱问题早已解决，但实际上，在一些库区及移民安置区，特别是涉藏地区，生活环境、生产资料等都并不令人满意，社会事业也相对落后。依据当前的移民政策，除了移民扶持资金之外，在多数的移民安置区中，地方政府都并不会有额外的投入，库区的基础设施、公共服务设施很难完善，且很难得到有效维护。

（3）移民安置需衔接乡村振兴、新型城镇化等国家新的发展战略，改善移民生活环境和生活质量。涉藏地区村民房屋大多依山就势建设，由于人畜同住、厕所为吊脚厕所，房屋内部也没有专门的洗浴地方，居民生活环境卫生条件是较差的。传统的农村移民生产安置方式方面也主要以调剂土地的方式进行，其土地经营依旧存在方式单一、力量单薄、经济收入提高缓慢等问题。涉藏地区移民群众受教育程度普遍较低，基本是小学及小学以下，很多劳动力仅能识别简单文字，不利于乡风文明的创建。近年涉藏地区的城镇化发展随着国家、省、市（州）三级政府的高度重视有所提高，但总体水平仍然是较低的。

4.1.5.3 实践情况

（1）因地制宜，结合山地特点及涉藏地区居住习惯开展规划设计。根据《大中型水利水电工程建设征地补偿和移民安置条例》（国务院令第 679 号）等相关政策要求，"编制移民安置规划应当尊重少数民族的生产、生活方式和风俗习惯"。在农村集镇、居民点规划中，规划人均建设用地指标主要用于控制建设用地总面积。《镇规划标准》（GB 50188—2007）中共分为 4 个等级，且为一个区间值，如第一级为 $60\sim80\text{m}^2/$ 人。而对于移民安置规划的集镇、居民点，重点在于上限值的控制。各省（自治区、直辖市）自行制定的农村宅基地用地标准不同，对于个别宅基地标准值高的区域，其人均建设用地指标应酌情提高，如《西藏自治区农村村民住宅用地管理规定（暂行）》（藏政发〔2011〕118 号）中每户宅基地面积达到 $300\sim500\text{m}^2$。

合理的建设用地标准是水电移民建设节约集约利用土地的集镇、居民点的核心要务，也是集镇、居民点规划是否满足移民生产生活需求的体现。随着水电工程移民工作向涉藏地区推进，藏式房屋的厚墙结构、朝向、间距等导致宅基地指标超过规定标准，部分选址位于高山峡谷区域，场址地形坡度较大，同时需满足户户通车的意愿需求，人均建设用地指标趋于相关规范标准的上限要求。针对此类难点，可多渠道创新研究用地指标，利用现状条件，采取有效措施。

案例 4.16

双江口水电站斯米勒俄居民点

斯米勒俄居民点位于四川省阿坝州，场地长约 320m，宽约 80m，平面上沿北东方向呈带状展布。总体北西（后缘）高南东（前缘）低，高程为 2585.00～2595.00m，高差约 10.00m。场地内地形坡度 10°～15°，场地上游侧台地为基座阶地。

由于居民点建设区位于山体斜坡上，自然高差较大，规划按照依山就势、错落有致、分台自由式布局（见图 4.11），将生产与生活有机结合

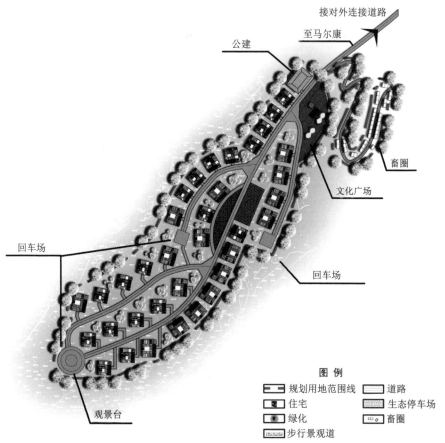

图 4.11　斯米勒俄居民点总平面规划图

（见图 4.12），各项配套设施按规范设置；同时沿等高线布局，避免大开大挖，减少对山体、原生自然环境破坏。竖向采用台阶式的处理方式，采用"结合地形、建筑分台"的原则进行，不改变原自然地形坡向，基本保持原地面排水体系，组织好居民点用地的土石方工程，做到填挖方在经济运距范围内运输存放。同时为了充分利用有限的场地资源，采用放坡对各台地进行分隔。整个居民点场地利用分台的方式，很好地处理了地形条件差、自然高差大、需控制指标的问题。

图 例

▱ 规划用地范围线　▱ 道路
▣ 住宅　　　　　　▨ 生态停车场
▣ 绿化　　　　　　▱ 畜圈
▨ 生产用地　　　　▨ 建设用地

图 4.12　斯米勒俄居民点生产用地范围图

根据审批的《四川省大渡河双江口水电站建设征地移民安置规划大纲》，居民点建设用地按人均 $80 \sim 120m^2$ 控制，该居民点规划思路进行了调整，按"依山就势、错落有致、自由分台"的方式进行规划，规划思路调整后总建设用地规模仍偏大；同时，根据《农村防火规范》（GB 50039—2010）相关规定，鉴于嘉绒藏族风格建筑多为石木结构房屋，原规划的房屋横向两户间隔 1.5m 不能满足防火要求，存在一定安全隐患，横向两户间隔至少需扩大至 4m，导致人均建设用地指标进一步增加，按最低人均控制指标已不能满足居民点实际要求。因此，扣除房前屋后能配置的菜园地指标 55.22m²/人后，人均建设用地指标按 120m²/人来考虑，同时从"以人为本、科学发展"出发，在相关政策或规范允许范围内适当增加人均建设用地指标，是符合库区移民实际生活习惯和需要的。

（2）居住和生产用地相结合，打造微田园新农村。结合涉藏地区生产、生活习惯和实际需求，部分居民点在规划方案拟定初期，考虑到生产安置确定的土地均与居住区存在一定的距离，为了便于耕作、放牧，地方政府、农村移民提出了需要在居民点内部考虑牲畜饲养的问题，在房屋周边考虑一定的生产用地，以保证在水库蓄水、移民搬迁后能够尽快地恢复生产，使其生活水平不降低。以上问题的提出将会使得本来就容量不足的居民点用地变得更为紧张，同时家家户户考虑牲畜的饲养也会给居民点内部带来严重的环境问题，不利于生态宜居和美丽新村的建设。

随着建设美丽中国和加快社会主义新农村建设的步伐逐步加快，各地相继开展了人畜分离整治工程。农村环境综合整治规划、农村人居环境整治三年行动、乡村风貌提升三年行动和生态环境保护基础设施建设三年作战等重点工作全面拉开。为切实打造农村"生活秀美"宜居环境，挖掘和培养乡村旅游、特色小镇等旅游产业，开展农村人畜分离工程建设势在必行。部分水电工程移民安置规划，通过建立人畜分离的圈养区，逐步实现养殖的集约化、标准化、规模化、产业化，进一步优化了农村人居环境，带动了一批农民创业致富；在房屋周边考虑一定的生产用地，因地制宜打造"四小园"（小菜园、小果园、小花园、小公园）来丰富村容村貌的形态，充分发挥山水林田湖草和路桥、水利等设施对乡村风貌塑造提升的重要作用，有条件的结合村内道路硬化，沿线连片建设公共服务设施和风景长廊，引导形成兼具生产性和观赏性的特色农业景观。通过居住和生产用地相结合，打造微田园新农村的创新理念和措施，解决了用地数量不足和移民可持续发展问题。

> 案例 4.17

双江口水电站大石凼居民点

大石凼居民点位于四川省阿坝州，场地位于绰斯甲河左岸，达萨达斯吊沟左侧半山台地之上，场地总体东（后缘）高西（前缘）低，最高高程 3500.00m，最低高程 2500.00m。规划场地平面上沿北东方向呈长条状，地形起伏较大。场地内坡度 $15°\sim20°$。

　　规划依据地形地势布局，场地呈条状，居住用地沿道路布局（见图 4.13），公共设施集中布置，位于居民点北侧，包含社区管理、卫生室、治安、文化设施等。对畜圈、住宅进行分离布局，畜圈集中设置于场地下风向的西南侧，户均畜圈为 $12m^2$，畜圈面积计入宅基地面积中，这就避免了农村普遍存在的人畜混居现象，也改善了因此带来的环境问题和健康问题。而规划居民点房前屋后配置菜园地等生产用地（见图 4.14），则是既方便了移民的生产生活，又能丰富村容村貌形态。

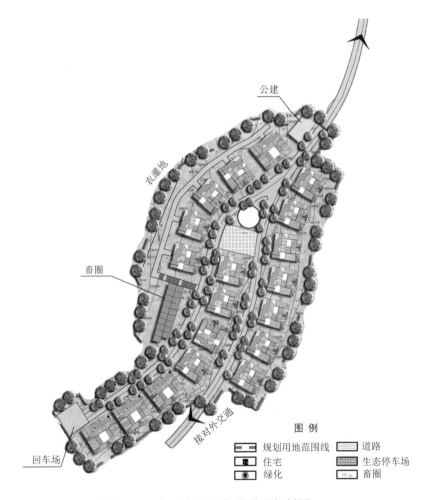

图 4.13　大石凼居民点总平面规划图

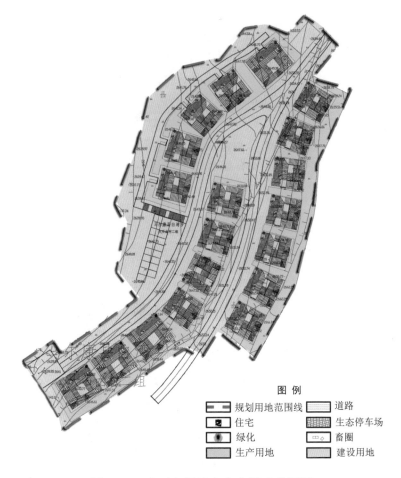

图例

规划用地范围线 ▢ 道路
住宅 ▪ 生态停车场
绿化 ▢ 畜圈
生产用地 ▢ 建设用地

图 4.14 大石凼居民点生产用地范围图

（3）基础设施规划衔接产业发展需求，助力产业振兴。乡村振兴的重点是产业兴旺，产业兴旺的目标是使农村一二三产业融合发展格局初步形成，乡村产业加快发展，农民收入水平进一步提高。集镇、居民点根据分析确定的迁建规模，按照相关行业现行规范要求开展规划设计，以恢复功能为主，而产业配套的相关规划内容主要在移民安置规划的生产安置规划方案和后期扶持规划方案中体现，集镇、居民点规划中对未来发展虽有一定考虑，但对未来产业发展配套设施的配置仍显不足。某些在区域旅游发展环线周边的集镇、居民点，具备较好的地理区域位置，本可以借助移民搬迁安置工程进行迁建后，通过基础设施与产业发展需求相衔接，取得更好的旅游服务产业发展，但由于相关产业及配套设施考虑得不充分，未能提前占得先机，失去资源优势，不利于后续发展。

因此，有计划地建设安置点，相应配套市政设施，使得规划区成为配套设施较为完善、环境较好、集约高效、与周围生态环境共生、与生产用地规模匹配、可持续发展、农业生产半径适合、适宜居住的移民安置区是移民安置规划设计的重点和难点。随着市场经济的发展和人民收入水平的提高，国内旅游业在国民经济中的地位和作用越来越重要。借水电开发契机，部分地方政府提出将移民安置点打造作为发展旅游的切入点，延伸库区风情游、特色农家游的旅游发展新思路，这就需要规划具体分析安置点打造与旅游发展相结合，具体分析安置点的旅游发展可塑性，根据其旅游功能定位、旅游产业发展规划，使安置点规划与旅游发展匹配，移民投资与旅游资金配套、移民培训与产业发展衔接、移民管理与旅游管理加强统筹等方面进行有效结合，把安置点打造为新的旅游景点，使旅游发展反哺移民安置，保障长远发展，提高生产生活水平，当然，安置点具备旅游发展可塑性是先决条件。

案例 4.18

泸定水电站烹坝集镇

烹坝集镇由烹坝、小沙湾两个组团组成。烹坝组团紧临 G318 线，为大致呈南北向顺 G318 线内侧展布的台地，长约 500m，宽 70～150m，高程为 1368.00～1388.00m，地形坡度 1°～3°。小沙湾组团在烹坝组团南面约 1km，大渡河右岸。

大渡河泸定水电站建成后，烹坝集镇周边的耕地减少，从移民安置的角度，保障移民的基本生存条件出发，集镇规划中不单独考虑工业用地，考虑结合旅游产业，发展集镇经济。场地内建筑布局以沿路集中布置为主要布局思路，意在体现古镇、古街特色风貌；以"传承"为主要规划意图，即在古镇内，无论何处，沿路走下去都是一个新的印象、新的体验，而这种印象、体验，本身又是相互关联、紧密联系的，以此追溯烹坝的历史——茶马古道上的一个重要驿站，从而展现烹坝的历史文化底蕴，来吸引游客，使旅游发展反哺移民安置，保障长远发展，提高生产生活水平。

小沙湾组团场地内建筑布局也是以沿路集中布置为主要布局思路，结合 G318 南北两条主要道路布置，意在形成特色街道，塑造古镇风貌。由于小沙湾处于背山面水之地，考虑结合山体自然景观、湖景形成中轴线，西南部开敞区域布置集中广场，一方面可供居民活动；另一方面可在蔬菜、瓜果成熟时形成自由市场，增加移民收入来源。

（4）结合城镇化发展目标开展移民安置规划。《中华人民共和国国民经济和社会发展第十四个五年规划和2035年远景目标纲要》（2021年3月11日第十三届全国人大四次会议表决通过）及近年来的中央一号文件均提出要继续坚持走中国特色新型城镇化道路，深入推进以人为核心的新型城镇化战略，提升城镇化发展质量，城镇化已是我国主要的发展战略和发展方向。而纵观整个水电移民发展历程，农业化安置一直都是移民安置工作的主流规划思路，并且在移民安置规划成果征求地方政府意见时，也都是更倾向农业化有土安置并规划农村集中居民点的规划方案，极少有项目采取纯城镇化的安置思路。城镇化安置项目同时也存在安置标准难以统一、生产生活方式难以转换、移民谋生困难、城市征拆标准与库区补偿标准差异大等问题。

与传统的水电工程安置思路相比，移民城镇化安置有利于实现人口结构的转移，调整水电开发区域人口与资源环境的关系，实现资源环境和社会的可持续发展，保护库区脆弱的生态环境；同时有利于提高移民的素质，改善移民的生活质量，逐步实现移民生活方式走向现代化、收入来源实现非农化、生活环境走向城镇化的目标；城市和乡镇企业相对集中，可以更大规模地吸纳、安置移民，避免移民盲目流动。移民城镇化安置也是对公共资源的有效利用，使原本长期居住偏远、封闭区域的广大农村移民能够享受与城镇居民相同的公共基础设施、社会医疗保障以及教育条件等好处。

部分项目采取了城镇化安置思路，从政策、资金、管理、后期扶持等各方面予以强有力的支持，根据不同流域涉藏地区的社会、经济和文化，因地制宜地采取不同的城镇化安置方式，保障移民的切身利益不受损害，实现了可持续性的安置；同时为提高涉藏地区城镇化安置的环境容量，合理规划、建设了城镇的配套基础设施，提高了公共服务的供给能力，并积极发展二三产业，增强了移民的劳动技能和综合素质。

案例 4.19

黄金坪水电站姑咱居民点

姑咱居民点位于黄金坪水电站坝址下游的姑咱镇，S211线和后山公路之间，地势低洼，往北可至丹巴，往南可至瓦斯沟口与G318线相连到达康定、泸定，对外交通较为便利，地理条件优越。居民点现状主要为耕地，场地周边分布众多现状民居。由于居民点地处姑咱镇内，移民用水、用电、就医、上学等均可依托姑咱镇完善的市政管网和公共服务设施解决。

姑咱镇是大渡河流域康定市境内最大的一个集镇，借助水电站修建带动人员流动以及四川民族学院（康定校区）学生较强的消费能力，经济发展很快。随着移民安置工作的不断推进、社会的不断发展，移民安置新要求也不断出现，移民安置意愿也在不断调整变化。移民人口增长和移民户型户数等的变化，地方建设项目占用居民点规划用地等原因，使居民点原有安置方案已难以实施。因此，在移民人口梳理、明确移民安置任务的基础上，重新开展移民安置对接工作，按照对接成果分析确定居民点规模，进而开展居民点的重新布局和基础设施的重新规划，以适应移民安置需求。最终姑咱居民点调整为黄金坪、长河坝共用居民点，考虑居民点所处姑咱集镇建成区内、土地紧张的客观情况，提出应顺应社会经济的快速发展趋势，考虑移民群众家庭用车等的停车需求，新增修建居民点地下停车场。安置标准由原规划的人均配置 0.2 亩耕地再配置 $10m^2$ 门面经营，调整为配置 $12m^2$ 门面经营辅以地下停车场对外经营收益，不再配置生产用地。

居民点场地规划为两个台地，高程分别为 1406.50m 和 1409.00m。在北侧入口处配置社区活动室 1 处，满足居民日常文体活动的需要；两个台地各为一个组团，中间设置广场，不仅满足日常需要，也能营造商业氛围。同时为适应社会经济发展，增加移民收益，结合拟建场地地形地势条件增加了地下停车场设计，停车位共有 228 个，满足移民的现阶段生活需求，也为移民长远发展奠定基础。

（5）合理确定公共服务设施配套标准，着力改善民生。针对农村居民点规划，国家仍未有统一的指导性文件及行业规范，各水电项目规划居民点公共服务配套设施配置是根据项目的实际情况，参照《镇规划标准》（GB 50188—2007）以及居民点所在省（自治区、直辖市）相关规定分析研究确定。

集镇迁建规划的公共服务设施主要是根据现状调查成果参照《镇规划标准》（GB 50188—2007）的相关要求进行配置，《镇规划标准》（GB 50188—2007）是按照中心镇、一般镇来配置六类公共设施，即行政管理、教育机构、文体科技、医疗保健、商业金融和集贸市场，在集镇、居民点公共设施配置规划中，一般增加了幼儿园、社区服务中心、集贸市场三类现状集镇没有的公共服务设施，同时，小学、卫生院等现状集镇有的设施参照《乡镇卫生院建设标准》（建标 107—2008）、《农村普通中小学校建设标准》（建标 109—2008）等进行规划，复建标准基本高于该类设施的现状标准，大大提升了迁建集镇的公共服务水平，提升了乡村宜居品质。

农村公共服务水平高低是衡量地区农村经济社会发展和城乡协调发展水平的重要标志。四川涉藏地区移民居民点大多位于农村地区，部分项目在居民点规划过程中结合实际情况健全和完善了居民点公共服务设施配置，根据需要适当增加公共设施项目，主要包括村级活动室、村委会、风貌门楼、停车场等，满足了移民基本生活需求，保障了库区移民得到妥当安置，使移民工作顺利进行，移民搬迁入住后幸福感较强。

案例 4.20

两河口普巴绒集镇

普巴绒集镇位于四川省甘孜州雅江县，在雅砻江左岸，地处普巴绒乡政府北侧约 1km，通过约 2km 乡村公路与雅江—新龙县道相连，距下游雅江县城约 62km，交通较为方便。由于两河口水电站及库区建成后，原有乡集镇驻地被淹没，涉及人口众多，驻乡机关有普巴绒镇政府、派出所、中心小学、卫生院、粮站、农牧、林业综合服务站。因复建选址范围内用地紧张，规划将依托复建县道，对乡集镇进行恢复重建。集镇以复建县道 X037 为骨架，向北侧进行用地布局（见图 4.15），规划现状高程为 2944.00～2955.00m 的台地为集镇行政办公用地，主要布局普巴绒镇政府、派出所和其他办公用地，规划其他台地以医疗卫生、教育机构、居住生活为主。

规划公共建筑用地面积为 0.93hm²，占总用地的 14.58%，包括行政管理、教育机构、医疗保健、商业金融等用地，主要复建普巴绒镇政府、派出所、中心小学、卫生院、粮站、农牧、林业综合服务站。

行政管理用地布置在集镇区中部，包括镇政府、派出所、林业站等，能更好地为移民迁建的居民服务，规划行政办公用地 0.24hm²。教育机构用地布局复建中心小学一所，布置在高程为 2961.00～2971.00m 的台地，使移民迁建的居民方便就读，规划教育机构用地 0.49hm²。医疗保健用地布局在乡集镇现状高程为 2953.00m 的台地布置一所卫生院，该卫生院处

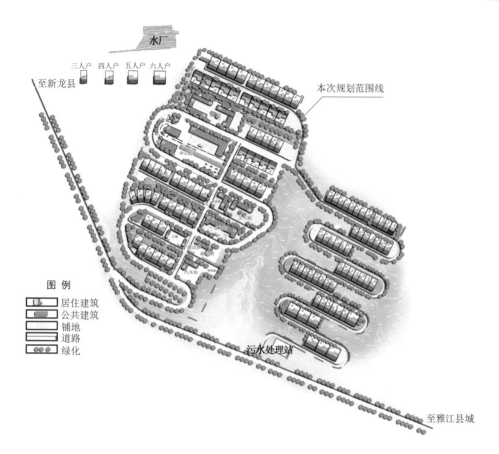

图 4.15　普巴绒集镇总平面规划图

于乡集镇中部位置，能满足居民方便就医，规划医疗保健用地 0.15hm²。商业、金融用地集中布置在乡集镇内部东西向的主干路两侧，建筑形式采取底商上住宅，集镇商业规划用地 0.05hm²。

根据《农村普通中小学校建设标准》（建标 109—2008），非完全小学用地面积为 2973m²，而完全小学，最小规模用地面积也已经达到 9131m²，若是根据班级规模来定用地面积，在高山峡谷地形受限地区则不适用，因此，根据生均用地面积来确定小学建设用地面积更为科学。

案例 4.21

猴子岩菩提河坝居民点

　　该居民点位于四川省甘孜州康定市孔玉乡境内大渡河左岸河谷地区，

距孔玉集镇约 2km，大渡河从场地南侧（前缘）通过。地形总体上呈北高南低、东高西低之势，场地总体平坦开阔。

菩提河坝居民点系临时用地原居民返迁居民点，安置人员多为河坝村本村居民，大部分居住菩提河坝附近，河坝村原无公共服务设施，最近的孔玉乡有较完整的设施，但位于 3km 以外，为方便村民办事以及村落的管理，规划根据《关于印发〈四川省"幸福美丽新村"规划编制办法和技术导则〉的通知》（川新农办〔2014〕11 号）中对村级公共服务设施配置标准的规定，在菩提河坝居民点增加相关的公共服务设施。居民点人口规模600 人以下，应配置的村级公共服务设施包括村委会、卫生计生中心及文化体育中心（见图 4.16）。

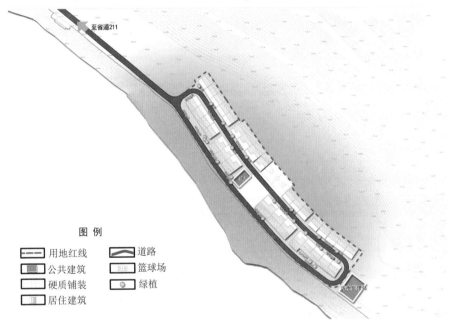

图 例

━━━ 用地红线　　　道路
公共建筑　　　篮球场
硬质铺装　　　绿植
居住建筑

图 4.16　菩提河坝居民点总平面规划图

4.1.5.4　实践效果

从大渡河、雅砻江流域集镇和居民点规划建设实践来看，多渠道创新研究用地指标，利用现状条件，采取相关有效措施因地制宜地开展规划设计，有效解决了涉藏地区地形地质条件差、藏式建筑宅基地占地大的问题；通过建立人畜分离的圈养区、因地制宜打造"四小园"等措施，解决了居住区建设用地指标问题，促进了移民实现养殖的集约化、标准化、规模化、产业化，丰富了村容村貌的形态，充分发挥了山水林田湖草和路桥、水利等设施对乡村风貌塑造提升的重要作用；适当增设公共配套服务设施项目或提升配置标准，大大提升了村镇宜居品质，调整了水电开发区域人口与资源环境的关系，实现了资源环境和社会的可持续发展，保护了库区的生态环境。

4.1.6　宗教活动场所处理

4.1.6.1　主要政策规定

《大中型水利水电工程建设征地补偿和移民安置条例》（国务院令第679号）、《宗教事务条例》（国务院令第686号）、《藏传佛教寺院管理办法》（国家宗教事务局令第8号）、《甘孜藏族自治州藏传佛教事务条例》（甘孜藏族自治州第十三届人民代表大会常务委员会公告第32号）等法律法规规定，开展寺院处理规划设计工作，应坚持以下几条基本原则。

（1）有关各方高度重视方案的拟定和实施，尊重民风民俗，实事求是，不应夸大，避免寺院补偿与普通移民补偿体系产生过大差异而导致不平衡。

（2）在寺院及宗教设施恢复规划中应与移民安置统筹考虑，统一安排，尽量做到安置点选择与寺院迁建有机结合，不破坏原有信众和寺院的供养关系。

（3）根据国家、省（自治区、直辖市）、市（州）关于宗教、移民的政策，对寺院的僧侣规模，按照定编定员的规定确定，对寺院不能分寺也不合并，按原寺迁建。

（4）充分尊重建设征地区移民群众的信仰，发挥寺院自身能动性，共同投入到寺院的处理及迁建中。

4.1.6.2　面临困境

随着国家经济社会发展和能源建设的发展，水电工程建设征地移民安置补偿的政策、法规在不断地发展，但针对民俗、民风、宗教特色突出的少数民族地区移民政策仍需完善，特别是针对涉藏地区几乎全民信教的情况，水电工程移民安置在寺院等宗教设施的处理等方面仍缺少针对性的政策依据和规范性的指导文件，使该区域移民安置工作面临困难，同时也在一定程度上制约着工程的顺利建设。

4.1.6.3　实践情况

四川涉藏地区水电工程涉及寺院的项目主要有两河口水电站、双江口水电站、岗托水电站。其中两河口水电站已于 2020 年完成 4 座寺院搬迁处理并蓄水；双江口水电站已完成 8 座寺院规划，计划 2024 年完成搬迁处理；岗托水电站涉及 6 座寺院，截至 2023 年年底尚未开展寺院处理规划设计。因此，实践情况主要来源于两河口水电站。

两河口水电站水库直接淹没影响甘孜州道孚县下拖乡卡拖寺院、红顶乡红顶寺院、仲尼乡桑珠寺院、瓦日乡格扎寺院 4 座藏传佛教寺院，在此之前，四川省乃至全国没有水电工程涉及如此大规模的寺院迁建。淹没涉及 4 座寺院全部位于道孚县境内，其中，卡拖寺、红顶寺属于藏传佛教格鲁派，桑珠寺、格扎寺属藏传佛教苯波派。4 座寺院共涉及僧侣 260 余人，房屋约 6000m²，均有自己的活佛，均是靠近县道修建。从信众绝对量上看，各寺院均不大，4 座寺院都有自己的信教群众，在区域内影响较大。卡拖寺主要辐射道孚下拖乡全乡及雅江县瓦多乡的 3 个村，信众约 1500人。红顶寺主要辐射红顶乡、扎拖乡，信众约 1500 人。桑珠寺主要辐射仲尼乡的 4 个村、红顶乡的 2 个村，信众约 1100 人。格扎寺主要辐射木茹全乡和甲斯孔乡的 2 个村，信众约 1700 人。

（1）提前开展宗教设施处理专题研究。针对两河口水电站建设和移民安置工作的具体情况，项目法人委托大专院校和设计单位开展两河口水电站建设征地移民安置重要课题的专题研究工作，提出了寺院等宗教设施处理的课题研究成果。课题研究通过对两河口电站建设征地影响寺院等大型宗教设施的现状调查，大量听取地方政府、群众以及僧侣的意见，并分析寺院等大型宗教设施影响范围及供施关系，在不能分寺的原则指导下，对各寺院的搬迁选址点进行分析；同时在对佛像、佛塔、其他三大类宗教设施分析基础上，将宗教设施又区分为可搬迁类和不可搬迁类，分别研究各自合理的补偿方案，最后确定总的补偿标准和原则。

（2）重点关注寺院新址选择及交通网络恢复规划设计。在规划设计阶段，各方对寺院的选址高度重视，开展了现场踏勘、综合比选等大量勘察设计工作。地方政府、寺院僧侣及信众代表积极参与选址工作，充分发表意见。在科学选址的同时，对新址周边的交通网络恢复进行专题研究，规划好通往寺院新址的道路，规划的居民点内预留足够的集体宗教设施用地，对征地范围内的宗教设施进行很好的恢复，确保寺院新址交通最大限度覆盖周边信众。同时寺院迁建规划设计工作也充分考虑移民搬迁安置方案，使寺院及集体宗教设施与移民群众之间、寺院与信教群众之间的关系能够得到充分保护。

（3）科学确定寺院及宗教设施安置标准及迁建方案。根据寺院意见，对直接淹没的 4 座寺院进行复建，其僧侣人数、占地面积、建筑面积均按原规模进行规划；供水、供电、对外交通及通信基础设施配置的标准按照集中居民点的标准进行规划，寺院房屋按照重置原则进行一次性补偿；寺院基础设施费用根据设计成果计列，实物指标根据调查确认的房屋、附属设施、宗教设施和零星林木补偿补助标准计列；除建筑物本身的土木工程开支外，还增列寺院迁建宗教费，用于寺院所有宗教仪轨活动的支出；宗教设施包括宗教活动点、转经房（洞科）、佛塔、嘛呢堆、水葬点等，通过典型调查、科学测算，合理确定相关宗教设施补偿标准，一次性补偿给相关权属单位或权属人，在国家宗教政策内，由相关权属单位或权属人自主选择是否恢复。

（4）结合实际确定各方认可的最终补偿金额。根据规划设计阶段各方达成的一致意见，在四川省原扶贫开发局的统筹协调下，州、县政府会同项目法人和设计单位在实施阶段进一步沟通协商。一是以尊重历史事实为前提，以实物指标调查为依据，充分考虑原寺院最初建设成本；二是考虑寺院活佛与寺管会以及当地信教群众的诉求表达以及历史传统与社会背景等因素，依据一定市场贴现率对寺院建筑及其宗教设施进行合理补偿；三是充分考虑原寺院新建时信教群众的投工投劳费用补偿问题。通过各个方面综合评估，面对现实，实事求是，让寺院僧侣及信教群众对补偿依据及补偿标准充分信服，从而积极地配合国家的建设，为寺院顺利搬迁创造了有利条件。

（5）充分征求寺院意见，确定基础设施建设方式。两河口水电站建设征地涉及的 4 座寺院采取两个方案相结合的方式进行处理。方案一：一次性补偿方案。即寺院在宗教政策允许的范围内，自主选择新址，基础设施参照集镇迁建类似工程确定投资和建构筑物投资均一次性补偿给寺院，由其自主建设。方案二：基础设施统一规划，建（构）筑物一次性补偿方案。即寺院在宗教政策允许的范围内，自主选择新址，寺院建构筑一次性补偿，水、电、路、场平工程等基础设施通过规划设计由政府统一建设，交寺院使用。在规划设计拟定的迁建方案基础上，充分听取寺院的意见，采取方案一和方案二相结合的形式，将寺院场平工程、构建筑物以及涉及工程难度较小、与寺院休戚相关的部分基础设施交由寺院自行建设或者一次性补偿；部分寺院的连接道路和外部供水一次性补偿后，由寺院自行按照单位提供的施工图，由寺院自行建设；外部电力、通信基础设施及部分建设难度较大，技术要求高的道路和供水工程，按照四川省原扶贫开发局《四川省大型水利水电工程移民单项工程代建管理办法（试行）》（川扶贫移民办

〔2014〕314 号）相关规定，由县政府委托项目法人代建。

（6）完善法律程序，与寺院签订迁建协议。在各项前置条件达成一致后，地方政府与 4 座寺院的管理委员会签订了《四川省雅砻江两河口水电站寺院迁建及基础设施建设合同书》，对相关权利和义务进行了明确。一是明确寺院及基础设施的迁建方式、补偿方案及补偿金额；二是明确了地方政府在寺院迁建过程中有提供政务环境、及时拨付资金等义务，以及过程中监督管理的权利；三是明确了寺院管理委员会在迁建过程中主体责任，特别是在安全、质量、进度、环保的责任及要求；四是明确了寺院迁建及旧址拆除的进度，同时规定按照进度各方现场检查后分期拨付补偿补助资金，确保资金拨付与进度匹配。

（7）加强过程监督，及时解决出现的问题。在实施过程中，针对寺院迁建中存在的建设随意性强和诉求多的难点，实施各方建立定期沟通和协调机制，共同推进寺院迁建工作。一是由县政府牵头，与寺院共同制定迁建详细的进度计划；二是由移民综合监理单位负责，建立和完善寺院迁建进度巡查、通报制度，及时了解寺院建设进度，对影响寺院安全的随意开挖边坡的建设行为及时制止和勒令返工；三是各方定期沟通，研究解决寺院迁建过程中出现的问题，发挥协调和帮扶职能。

4.1.6.4　实施效果

在省、州、县各级党委政府的关心支持下，由四川省原扶贫开发局组织研究寺院补偿费用，地方政府创新管理模式，与各寺院签订寺院迁建协议，采取"包干迁建"模式，四方共同监督，有效推进寺院搬迁工作，取得了良好成效。

两河口水电站是四川涉藏地区最先涉及寺院迁建的大型水电项目，开创了水电项目寺院搬迁安置的先河。在规划阶段，通过课题研究对寺院补偿补助体系进行了完善，充分尊重和保护了民风民俗，有效化解了征地矛盾，移民满意度较高，降低了移民安置工作难度，有力促进了移民安置工作的开展。这也使得两河口水电站成为四川涉藏地区第一座对宗教寺院迁建补偿、民族文化保护和传承等进行专题研究，且成果转化后取得实质性成效的大型水电工程项目。

4.1.7　移民工程与行业规划衔接

4.1.7.1　主要政策规定

根据《大中型水利水电工程建设征地补偿和移民安置条例》（国务院令

第 679 号），"工矿企业和交通、电力、电信、广播电视等专项设施以及中小学的迁建或者复建，应当按照其原规模、原标准或者恢复原功能的原则补偿"，即移民工程应按"三原原则"进行处理；同时，《四川省大中型水利水电工程移民工作条例》（四川省第十二届人民代表大会常务委员会公告第 70 号）规定"编制移民安置规划大纲和移民安置规划应当以移民实际困难和问题为导向，与城乡建设总体规划相衔接，为移民增收致富和地方经济社会可持续发展创造条件"，提出了移民安置规划与行业或地方规划相衔接要求。

《关于做好水电开发利益共享工作的指导意见》（发改能源规〔2019〕439 号）提出：一是"提升移民村镇宜居品质。落实乡村振兴战略，根据地方经济社会发展规划要求，充分利用水库蓄水形成的景观，结合国土空间规划编制和实施，合理布局迁建移民村庄集镇新址，提高移民村庄集镇迁建标准，完善基础设施配置，加强风貌管控，改善库区城乡建设面貌。妥善解决好移民村庄集镇新址选址、建设用地、安全饮水、用电、通信、交通、就医、就学等基础条件，配套建设水、电、路、邮政、基础电信网络以及污水、垃圾处理等基础设施，村内主路及对外道路路面全硬化，实现全员饮水安全、家家供水入户、户户通电通邮、人人可用互联网；根据需要配置卫生站、集贸市场以及村委会办公、文化活动、社区服务等场所，并预留商业网点、便民超市、体育健身等用地，全面提升移民生活品质。迁建集镇和大型移民村庄主街道，按管线入地进行规划建设。对农村移民村庄集镇的公共服务设施和整体风貌建设予以适当补助"。二是"推进库区产业发展升级。统筹移民安置规划、后续产业规划，与库区生产发展、产业升级做好衔接，促进移民就业增长和持续增收。对水库淹没的企事业单位，优先按就近迁建处理。迁建企业主营业务属于国家鼓励类产业并符合当地产业布局、用地确需超出原有用地规模但未突破土地使用标准确定的规模的，应予扶持，用地可纳入移民搬迁安置用地一并报批。利用电站水库、安置配置资源，发展农林、加工、旅游、运输、电商等产业。根据国家产业指导目录，引导和支持水电工程库区与产业转移做好衔接。充分利用各种库区产业政策支持渠道，支持移民群众脱贫解困和库区经济社会发展。"

4.1.7.2 面临困境

（1）水电工程前期规划与后续行业规划发展衔接存在困难。首先，根据国务院《大中型水利水电工程建设征地补偿和移民安置条例》（国务院令第 679 号），"工矿企业和交通、电力、电信、广播电视等专项设施以及中小学的迁建或者复建，应当按照其原规模、原标准或者恢复原功能的原则补偿""因扩大规模、提高标准增加的费用，由有关地方人民政府或者有关单位自行解决"。因此，根据相关规定，水电工程前期规划基本是按"三原"原则开展，复建及规划标准按现行规模及标准进行规划，且由于地方政府前期财政有限，行业规划不成熟或未落地之前，不能按相关要求匹配到相关配套资金，移民规划期间地方政府对与后期行业规划衔接存在难度。其次，水电工程普遍建设周期较长，往往跨越一个或多个"国民经济发展五年规划"，随着社会经济的发展，水电工程建设期间地方生态环境、交通运输及旅游等行业规划发展规划均有可能情况发生变化，前期已审批规划难以与后期行业规划衔接。

（2）变更频繁，建设标准难以确定。首先，水电工程移民规划审批后，往往由于种种原因，项目核准及移民工程建设推进缓慢。随着社会经济的发展，部分行业规划或技术工艺都有完善和提升，因此在实施过程中，随着社会经济的高速发展和认识的进一步深入，地方政府为避免重复投入，对移民安置规划衔接地方发展规划提出了明确的要求和期望，导致前期已审批的移民工程项目出现大量变更，其中标准和方案变更是变更的重要内容，而标准和方案变更又是重大设计变更，变更审批程序相对复杂且时间较长，对水电工程建设的顺利推进可能造成一定影响。其次，随着移民工程标准提高或方案调整后增加的投资，往往由于地方政府财政资金有限，投资分摊存在一定的困难，需要更高层级的协调，以确定移民工程的资金来源，其过程相对复杂、时间较长，有可能影响移民工程建设进度。

4.1.7.3 实践情况

（1）以现状为基础规划，实施变更时实现标准衔接。大型水电工程建设周期普遍较长，从项目可研阶段勘测设计成果审批到工程下闸蓄水往往需要十年左右时间，而地方发展规划和相关行业规划往往以五年为一个周期开展，因此在开展移民安置规划工作时，地方发展和相关行业往往难以明确提出发展规划，缺乏支撑文件，缺乏配套资金，导致移民规划设计只能按照移民政策规范以现状条件为基础开展；对于地方发展或行业规划明确的，深入贯彻规划衔接。部分项目进入实施阶段后，相关行业规划逐渐明朗，地方政府配套资金也逐步落实后，按照不重复建设、统筹整合移民和行业资金的原则，履行变更程序，开展移民工程变更设计，最终实现了与行业规划的衔接，这种做法在四川涉藏地区水电项目移民工程建设中较为普遍。

（2）适当提高标准规划，适应经济社会发展需要。随着水电工程开发逐步向涉藏地区纵向深入，雅砻江、金沙江两岸薄弱的现状基础设施条件，特别是交通、饮水条件，成为制约移民生产生活水平提高的关键，部分村组现状道路未硬化，部分村民饮用水未净化，因此，部分水电工程移民安置规划过程中，充分以移民安置规划目标为导向，适当提高了部分道路建设标准，以满足移民生产生活水平提高的目标实现。如两河口水电站在移民安置规划阶段，县道、乡道规划适当提高等级，复建路面结构从现状泥结碎石路面提升为沥青混凝土路面；在实施阶段结合脱贫攻坚要求，将全部村道路面也进行了硬化，重构的库区交通网络与交通行业规划实现了全部衔接。在集镇、学校、医院等机关和企事业单位复建时不再建设砖木结构房屋，按照现行的行业标准建设框架结构房屋，并增加保温措施、风貌打造等补助费用，新增学前教育设施，极大改善了当地的办公、上学、就医等条件，适应了社会经济发展和国家农村工作战略，为"搬得出、稳得住、能发展、可致富"创造了基础条件。

案例 4.22

双江口水电站复建等级公路

双江口水电站项目位于四川省阿坝州境内，移民安置规划于 2011 年审批，涉及的等级公路工程复建标准是按"三原"原则进行了规划设计。2013 年，国家路网发展规划进行了调整，其中原规划审批的 G317 路基由 7.5m 调整为 8.5m，原规划审批的县道 6803、6813 调整为省道 220、453。

根据国家路网发展规划，原规划的等级公路复建标准已不能满足现行交通规划。为避免重复投入，经省政府协调，省移民主管部门主办，在项目核准后项目法人组织开展了规划大纲调整工作，在原移民安置规划审批 5 年后规划大纲调整报告再次经省人民政府批复，确定了交通工程复建标准，对于项目建设标准提高后的相关费用，地方政府承诺将国家、省对淹没段道路提升改造的预算资金足额补助电站项目法人，其余资金由电站项目法人筹措。

案例 4.23

苏洼龙水电站复建等级公路

苏洼龙水电站地跨四川省和西藏自治区，水库正常蓄水位

2475.00m，装机容量 120 万 kW。2015 年 5 月、6 月，西藏自治区水利厅、四川省原扶贫和移民工作局分别对苏洼龙水电站建设征地迁移人口安置规划报告和建设征地移民安置规划报告进行了批复。在实施过程中，由于国家路网规划调整，原规划审批的县道 107 调整为 G215，由四级公路调整三级公路，标准提高；同时，原规划审批的 G318 由三级公路调整为二级公路。

结合 2018 年白格堰塞湖灾后重建，四川省甘孜州政府主管部门在整合灾后重建、国道 318 复建资金，采取统一规划、统一实施的模式开展相关规划设计及项目建设，移民复建资金仍按原审批规划的投资；G215 是由于国家路网规划提高了道路等级及建设标准，国家、省有相应道路提高等级及建设标准的配套资金，其余部分由项目法人进行分摊，计入移民复建资金。

案例 4.24

两河口水电站复建红顶寺供水工程

根据 2012 年审定的两河口水电站红顶寺安置外部供水工程规划设计，供水规模为 196 人，取水水源为扎拖沟，引水线路总长 27574m，投资 974.17 万元。

在实施过程中，经进一步复核，扎拖沟水源服务对象还包括沿线洛古、扎贡、一地瓦孜、波罗唐 4 个村 16 个组 1094 人，且红顶寺外部供水工程实施过程中将对沿线居民有一定影响，当地居民有不同意见，认为沿线居民用水存在矛盾；同时，两河口水电站部分移民在扎拖沟内各村分散安置，移民和当地居民为节约成本采取就近管道引水的方式，引水环境较差，引水安全难以保障。根据脱贫攻坚相关要求，结合《国家发展改革委关于做好水电工程先移民后建设有关工作的通知》（发改能源〔2012〕293 号）关于"整合各类资金与资源，统筹做好移民安置和库区建设工作，以移民搬迁安置为契机，积极谋划库区长远发展，促进移民脱贫致富"的文件精神及相关各方意见，对红顶寺安置点外部供水工程规划设计进行了变更。变更后，在扎拖沟上游高程约 3541.00m 处新建取水口，延长引水管线使其覆盖沿线居民，延长之后供水管道共约 34.5km，增大供水管径，采用分段变径 PE100 级管供红顶寺和沿线 4 个村共 1290 人生活用水，工程总投资为 1456.43 万元，较原审批投资增加 482.26 万元。

4.1.7.4　实践效果

（1）与行业规划衔接，避免了重复投资，便于验收移交。苏洼龙水电站在道路复建时充分与灾后重建等进行了衔接，并通过不同的项目建设模式，有效地控制了进度和投资，且复建的相关工程已基本完成移交。其中，在G318复建中，由四川省甘孜州政府主管部门整合灾后重建资金与移民资金，统一规划和实施，有效地控制了电站及灾后重建资金，加快了项目建设进度；在竹巴龙防护工程建设过程中，与灾后重建、G318旅游小镇建设、G318施工渣场等结合，由主体设计单位代建，设计院发挥了整体策划的优势，加快了灾后重建，顺势打造了竹巴龙旅游小镇，通过调整G318渣场容量，控制了各个项目投资；G215是电站截流和蓄水的关键项目，由项目法人代建，充分发挥项目法人工程管理的优势，确保了电站顺利截流，并提前完成验收移交。双江口水电站等级公路复建工程建设标准充分与国家路网规划衔接，避免了重复性投资，也为下一步工程建设后顺利移交奠定了基础。

（2）与脱贫攻坚衔接，兼顾移民与非移民利益，维护了库区稳定。两河口水电站红顶寺外部供水工程变更充分与脱贫攻坚相关要求进行了衔接，并以"建设一座电站，发展一方经济，改善一方环境，造福一方移民"的思路出发，按《国家发展改革委关于做好水电工程先移民后建设有关工作的通知》（发改能源〔2012〕293号）的文件精神，从解决用水矛盾、改善沿线居民和分散安置移民用水条件、考虑地方政府和当地居民诉求等方面综合考虑，对红顶寺外部供水工程进行了变更，化解了移民与当地居民之间的用水矛盾，促进了安置区及移民的共同发展，切实维护了库区稳定。

4.1.8　实施组织

4.1.8.1　主要政策规定

《大中型水利水电水利工程建设征地补偿和移民安置条例》（国务院令第679号）规定，"项目法人应当根据大中型水利水电工程建设的要求和移民安置规划，在每年汛期结束后60日内，向与其签订移民安置协议的地方人民政府提出下年度移民安置计划建议；签订移民安置协议的地方人民政府，应当根据移民安置规划和项目法人的年度移民安置计划建议，在与项目法人充分协商的基础上，组织编制并下达本行政区域的下年度移民安置年度计划"。

《四川省大中型水利水电工程移民工作条例》（四川省第十二届人民代

表大会常务委员会公告第 70 号）规定，"县（市、区）人民政府移民管理机构按照年度计划编制要求，会同规划设计单位和综合监理单位编制年度计划方案，并逐级报送签订移民安置协议的地方人民政府或者其委托的移民管理机构"。

《水电工程建设征地移民安置规划设计规范》（NB/T 10876—2021）规定，"移民安置实施组织设计应分析移民安置实施条件，拟定移民安置实施组织方案，提出移民安置实施总体进度计划"。

4.1.8.2　面临的困难

大中型水电工程移民安置实施工作持续时间长，复建专业项目多，情况复杂，搬迁安置不仅受移民意愿的影响，还受专业项目复建进度、安置点基础设施进度等因素影响，具有较大的不确定性和可变性。因为可行性研究阶段难以准确预估到实施阶段的变化，所以移民安置规划报告中实施组织设计的内容相对简单，以主要里程碑为目标制订进度计划，没有对应到各个项目，进度计划的深度和细度不能满足实施阶段的要求，不能对实施阶段移民安置工作体现很好的指导作用。为了统筹安排移民搬迁和专项复建工作，保证各项目有序衔接，在移民安置实施前，有必要编制移民安置实施进度计划，以指导具体工作。

4.1.8.3　实践情况

在实施阶段，大型水电工程一般要编制详细的移民安置实施进度计划指导具体工作。两河口水电站在 2014 年编制了移民安置实施总体计划和分年计划，作为工程建设的重要组成部分，每年按照实施总体计划执行。苏洼龙水电站按照"把握全局、统筹兼顾、保持稳定、整体推进"的工作思路，开展了征地移民实施组织策划研究，并在实施过程中及时进行动态调整。双江口水电站中马尔康市、金川县建立水电移民指挥部统筹、抽调各部门人员专职参与的组织管理模式，并形成了移民工作轮值会制度，及时解决移民安置问题，移民工程按照"成熟一个、审查一个、实施一个"的总体原则，采取了项目法人代建、主体设计单位代建两种不同模式进行建设。

案例 4.25

两河口水电站移民安置实施计划

雅砻江两河口水电站涉及 4 县，移民人口 7569 人，有 6 座集镇 1 个移民安置点 4 座寺院，复建道路 380km，还有供水、电力、通信、水准点和库底清理等任务，战线长、项目多，为做到科学合理安排，项目法人在实施前组织编制了移民安置实施计划，经过相关各方讨论后达成共识，后纳入了两河口水电站全建设周期计划，作为工程建设的重要组成部分，每年按照计划执行。其主要做法如下。

（1）协商确定基本原则。项目法人经与州、县政府多次沟通，确定了移民安置主要原则。移民安置实施计划以审定的移民安置规划报告和先移民后建设实施方案为基础编制；满足 2020 年 11 月蓄水的要求和移民安置进度适当超前于水电站主体工程建设进度；按照"科学、规范、有序"的原则和"有计划，分批次"的顺序开展。

（2）编制实施计划的主要思路。把移民安置工作作为统一整体考虑，将移民搬迁作为核心，人是最重要的，优先安排移民搬迁安置任务和资金；同时，由于专业复建项目较多，将专业项目进行分类，分为控制性工程、制约性工程、重点工程和其他。控制性工程是建设周期最长的，工程能否按计划完成，直接制约移民工作的进度，应提前启动，确保顺利开展，主要项目是 S217、雅新路、雅道路 3 条主干公路；制约性工程是指技术难度大、施工周期长的特大桥项目，包括库周交通中的木绒特大桥、红顶特大桥、绒坝大桥、洛古大桥等；重点工程是 6 座集镇、1 个移民安置点和 4 座寺院迁建。

分类后再进行建设时序安排。控制性工程的道路、特大桥先开工，先完工，库周交通的四级公路、汽车便道等后开工，但基本要与主干公路同步完工；有互相干扰的、技术难度大的项目优先开工；涉及民生的供水、供电、通信等项目与移民搬迁同步，不能影响移民安置和入住。同时复建专业项目要考虑留有适当时间富余，以免太紧无弹性，涉藏地区自然条件更艰苦，时间富余量要更长，还要考虑移民工程适当超前于电站主体工程，要预留移民安置阶段性验收的时间。

（3）考虑不同特性统筹安排进度。实施计划需安排到每个项目，确保所有项目、任务在统一整体内，没有项目、任务被遗漏，并且考虑项目特性，有针对性地安排开始和结束时间，做到项目实施分年可控。如两河口水电站库区林地面积大，清理任务重，且任务相对独立，在制订计划时提前至 2017 年就开展林地林木清理工作，而不是等到最后一年（蓄水年）再开展；寺院迁建建设周期长，为了给寺院留有充分时间进行备料和建设，2015 年 5 月就签订了迁建协议开始实施，因此不仅是专业项目复建，还有移民搬迁、库底清理、蓄水验收等所有工作都是按计划逐步开展，并且是立体交叉推进，确保不过渡、不赶工、不应急。

根据工作任务制订实施计划后，就要分解任务到年度计划，制订每一年哪些项目何时开工，何时完工，要切合实际并得到地方政府支持。随着工程建设的逐年推进，要适时调整，一般都要提前启动建设，特别是集镇迁建和安置点建设要提前启动，划分宅基地、解决基础设施等还要考虑移民意愿影响。

（4）结合四川涉藏地区施工特点。复建专业项目普遍位于涉藏地区高山峡谷地区，存在交通条件差、地质条件差、气候温差大等不利因素，若众多工程同时施工，易导致材料供应不足，影响移民安置工程的进度。在两河口库区道孚县，雅道路、库周交通等都是由某单位承担，原计划待路基完工后统一铺装路面，但在施工高峰期，几百千米道路同时需要大量砂石骨料，施工单位备料不足，造成原材料短时间内供应不上，影响了部分工程进度。同时在涉藏地区交通运输困难的条件下，可能造成人员、材料、设备供应不足或当地市场价格的大幅波动。对于专业项目要考虑建设环境，包括人员、物资、运输、气候等因素，制定建筑材料供应、施工人员跨区域组织、价格水平稳控等措施，避免出现建设高峰期人员、材料、设备供应不足或价格异常等情况。

4.1.8.4 实践效果

（1）统筹安排，清楚明晰所有工作任务和分年资金。各项目通过编制移民安置实施计划，明确了所有的工作任务和关键线路项目，统筹安排了哪些年该开展哪些工作，对全部工作做到心中有数，不打乱仗，并通过工作任务与每年的资金计划相呼应，资金平衡分配到各个年度，在调度资金时也能提前安排，做到与省级主管部门的年度资金计划保持基本一致，很好地执行了省级年度工作任务计划。

（2）齐抓共管，保证按时完成所有任务。水电工程从移民安置工作启动到工程蓄水，历时时间较长，必须提前编制移民安置实施计划并加强过程监控，使各方形成合力，朝同一个目标前进。通过规范有序实施，四川涉藏地区绝大部分项目正常蓄水位范围内移民安置、集镇迁建、专业项目复建、寺院及宗教设施处理、企事业单位处理、库底清理全部提前或如期建设完成并投入使用，工程建设质量、进度、投资控制得到了有效保障。

4.2 安置实施

4.2.1 实施管理

长期实践与探索表明，四川涉藏地区水电移民工作取得了巨大成就，移民安置给区域经济社会发展带来了积极影响，产生了良好效果。在新时期，要加快水电开发，就需要高度重视移民安置实施工作，不仅要发挥水电站本身经济效益，而且需要带动一方经济，让移民共享水电开发建设的成果。水电开发建设移民安置实施，应认真实践"以人民为中心"的发展理念，多渠道解决移民安置问题，不断创新移民工作机制和移民安置模式。一是将水电开发与促进区域、流域经济发展和资源有效利用紧密结合起来，兼顾社会效益和经济效益；二是协调好地方、企业、移民之间的利益关系，形成推动水电开发和移民安置的合力；三是完善移民安置的相关支持政策，建立长期有效的移民安置补偿机制；四是坚持"以问题为导向、以结果为目标"的工作思路。秉承此工作理念，四川涉藏地区水电项目特别是雅砻江两河口水电站，创新建立了一系列工作机制和工作方法，有效推进了移民安置工作，保障了区域经济社会的发展与稳定。

案例 4.26

两河口水电站实施管理经验

1. 工作机制

雅砻江两河口水电站移民安置工作实施阶段，通过强化实施管理，取得了显著效果。在地方人民政府和项目法人的精心组织管理下，在移民综合设计和综合监理的积极配合下，四方建立了高层沟通协调的"设计、监理工作月例会""四方协调会"等工作例会制度，采取了"四方联合办公模式""例会下沉模式""问题清单工作模式""精准搬迁工作模式""移民子女就学优先模式"等一系列工作措施。项目法人更是加强了设计管理工作，按照"政府领导、分级负责、县为基础、项目法人和移民参与、规划设计单位技术负责、监督评估单位跟踪监督"的移民工作机制，坚持移民搬迁"四同时"和"全面帮扶"结合、移民工程代建"三同时"与"深度介入精准帮扶"结合的工作方法，并且定期与设计单位召开双月例会，管控设计工作进度和质量。通过工作模式创新，实现了对移民安置工作进度和质量的有效管理，促进了雅砻江两河口水电站移民安置工作的顺利完成。

（1）坚持与地方人民政府及有关部门的协调机制。地方人民政府及有关部门是顺利推动建设征地移民安置工作的重要力量，雅砻江公司不断强化与地方人民政府以及相关部门的协调机制，在与库区各县人民政府、县级原扶贫开发局保持有效沟通协调渠道的同时，深入贯彻落实"一线工作法"，坚持"例会下沉"工作制度，通过与乡村干部的现场会议机制，提高乡村干部的参与度，将工作落实在一线。

（2）坚持行之有效的工作例会机制。雅砻江两河口水电站在移民安置实施阶段建立了移民安置领导小组和工作小组的会议机制，根据领导小组的会议精神，将工作小组会议内容开到实处、议定事项落到实处，并在落实过程中以设计单位为龙头，团结各方力量，督促移民综合监理、移民综合设代以及总承包及代建项目部等单位发挥作用，按照相关要求完成工作任务，确保各项工作有序推进。

2. 工作方法

（1）率先推行"清单"模式，明确目标、化解难题、分解任务、强化责任。2018年9月，四川省扶贫开发局主要领导在调研雅砻江两河口水电站移民安置工作过程中发现，因为雅砻江两河口搬迁安置人口复核的事宜以及甘孜州雅江县庆大沟人行渡口方案的调整等问题存在较大争议，导致移民安置工作有所停滞，遂立即成立了现场工作组，现场调研、深入沟通，召开了雅砻江两河口水电站移民安置工作遗留问题处理现场协调会，会后就相关问题和方法形成了遗留问题处理清单，共计31项，梳理了重大设计变更类9项、一般设计变更类8项、协调处理类9项、进度问题类4项、工作问题类1项。会后实施各方在遗留问题清单的基础上，以2020年电站下闸蓄水为目标，相继梳理完成雅砻江两河口水电站剩余移民安置工作的工作清单、任务清单和责任清单，同时，四川省甘孜州大中型水电移民工作指挥部以此为基础印发了《甘孜州雅砻江两河口水电站蓄水阶段移民安置工作攻坚方案（2019—2020年）》，并就相关工作内容和要求纳入政府考核。

此后，实施各方按照先易后难、友好协商、分类处理的工作思路，严格按照"四个清单"开展有关工作，定期检查、及时纠偏，至2019年年底，全面落实解决了31个重大遗留问题，2020年8月雅砻江两河口水电站实现了顺利通过工程蓄水移民安置验收目标，在电站蓄水前，实现了移民安置的绝对目标，做到了"1个杜绝、2个满足、3个没有、4个百分之百"，即杜绝了水赶人的情况，满足了脱贫攻坚要求、满足了移民生产生活需要，没有过渡安置、没有搬迁滞后、没有拒迁返迁；实现搬迁安置百分之百完成、生产安置百分之百完成、集镇迁建百分之百完成、寺院迁建百分之百完成的总体目标。

鉴于雅砻江两河口水电站移民安置"清单"模式的成功经验，四川省原扶贫开发局在全四川省进行了推广应用，并逐步完善形成了四川省级层面的"清单"管理体系，通过管理创新，逐步解决了四川省内移民安置工作方面的一些久拖未决的事和一些疑难杂症的问题。

（2）率先制定"蓄水攻坚"方案，明确攻坚目标及责任纳入政府的绩效考核。随着雅砻江两河口水电站移民工作程度的不断深入，移民工作进入蓄水攻坚阶段，项目法人持续保持与四川省甘孜州州级主管部门的沟通协作，在全面梳理了雅砻江两河口水电站剩余工作任务和验收计划的基础上，倒排工期，编制了切实可行的攻坚方案。2018年，雅砻江公司协调甘孜州人民政府在州级层面召雅砻江开两河口水电站移民安置专题大会，会议提出了2020年8月通过蓄水阶段移民专项验收的节点目标，要求甘孜州州级主管部门、库区四县人民政府、项目法人、设监评单位进一步统一认识、统一目标、统一行动，坚持"先移民后建设"的工作方针，把握"稳中求进"的工作总基调，进一步发挥"政府领导、分级负责、县为基础、项目法人和移民参与、规划设计单位技术负责、监督评估单位跟踪监督"的移民工作机制，形成推进移民工作、促进水电资源开发的强大合力，确保雅砻江两河口水电站移民安置工作平稳有序推进、项目按期蓄水发电、库区社会和谐稳定，成为四川省内为数不多的在下闸蓄水前移民工作成果清晰明朗的代表性水电站。

会后，四川省甘孜州人民政府在广泛征求各县意见的基础上正式印发了《甘孜州雅砻江两河口水电站蓄水阶段移民安置工作攻坚方案（2019—2020年）》，明确了两河口水电站剩余征地移民工作目标和任务，通过将两河口水电站移民安置工作与库区四县政府的绩效考核进行挂钩，促使各方形成强大合力，为剩余工作的完成和验收工作的开展提供了有计划、可操作的方案保障。

（3）率先建立"四个一起"工作机制，例会下沉、精准搬迁。针对两河口水电站移民搬迁存在的安置范围大、利益矛盾突出、地方工作经验与人员不足问题，雅砻江公司充分调动发挥移民综合监理、综合设代的作用，不断深化和完善移民工作协调机制，通过各类沟通协调会、现场工作例会等方式和途径推进解决过程中出现的各类移民问题，移民搬迁安置工作不断取得新的成果，2018年即提前一年完成了甘孜州理塘县、新龙县的移民搬迁安置工作；2019 年，在前期工作的基础上，两河口水电站继续创新工作思路，结合两河口移民的实际情况，通过借鉴国家精准扶贫的政策精髓，提出了"精准移民搬迁"的工作思路，把所有未完成搬迁安置的移民进行细致梳理、划分责任人，按户精准推动移民搬迁安置工作；与此同时，雅砻江两河口水电站还进一步优化会议机制，将例会制度下沉至乡村干部一级，定期组织乡村两级干部召开移民工作推进会，建立了"四个一起"即一起下乡、一起入户、一起工作、一起食宿工作机制，极大地提高了乡村两级干部的积极性和主动性。

通过这些措施，扭转了分散、集中安置移民进度滞后的问题，全面完成了上级下达的年度工作任务，实现了移民搬迁安置零过渡的目标，为雅砻江两河口水电站下闸蓄水阶段移民安置验收提供了保障。

（4）大规模践行"代建"模式，采取项目法人代建、设计施工总承包方式。传统水电移民安置工程项目基本由地方人民政府自主组织实施建设，而近年来越来越多的移民工程项目采取委托电站项目法人代建的管理模式进行建设。雅砻江两河口水电站在移民安置工程项目上结合这两种项目管理方式，在不同的专业项目上采取不同的现场管理方式，针对现场具体情况进行管理，扩大发挥优点，弱化减少缺点，确保移民安置工程项目在工程控制投资、建设进度、建设质量等方面做到有效实施，切实营造各方多赢的局面。

移民工程项目的实施主体是工程所属区域的县级人民政府，考虑建设规模、建设难度、施工技术要求、管理经验等因素，雅砻江两河口水电站移民工程项目实施分为两大类：一类是规模小、技术难度不大、施工技术要求不高的移民工程项目，由相关地方县级职能部门负责组织建设，如寺院场地平整、机耕道路复建、电信工程复建等；另一类是规模大、技术难度大、施工技术要求高的移民工程项目，由设计单位总承包或代建，如等级公路、库周交通、电力工程复建、集镇和居民点市政工程等。

设计单位在总承包或代建过程中，充分利用规划设计优势、项目管理经验，通过深入现场开展技术和质量巡查、设计和监理"站岗式"服务、攻坚克难突破技术瓶颈等一系列保障措施，确保了规划设计与施工建设有效衔接，保证了移民工程移民的建设进度及质量，有效控制了移民安置工程项目投资，为雅砻江两河口水电站移民安置工作的顺利推进和工程按期实现下闸蓄水总体目标奠定了坚实基础。

4.2.2　移民意愿锁定

4.2.2.1　主要政策规定

随着时代的发展，如今的移民政策更加强调以人为本，注重听取移民意愿。《大中型水利水电工程建设征地补偿和移民安置条例》（国务院令第679号）规定，编制移民安置规划大纲、移民安置规划报告应当广泛听取移民和移民安置区居民的意见，必要时应当采取听证的方式开展工作。

4.2.2.2　面临困境

移民安置规划阶段，确定移民安置方式的普遍方法是：首先开展初步摸底，统计集中安置和分散安置、有土安置和无土安置移民数量；其次初步选定集中安置区位置并初步确定规模，再开展移民群众填写意愿征求表；最后根据移民群众意愿征求的情况确定安置区规模并开展规划设计。

在以上过程中，第一阶段移民群众对征求意见的居民点规划布局的情况和要求仅仅是概念性的认识，对实物补偿的相关费用情况也不能进行相对精确的算账，更是难以精准判别选择集中安置后在居民点修建房屋的总体支出和成本等。第二阶段是进入实物补偿和启动搬迁阶段时，相关费用补偿和标准逐一明确，安置点规划设计逐渐成形和确定，移民群众也按照规划报告审定的补偿费用，通过相关各方建卡建档统计出来的补偿费用，结合移民管理机构协同各方就规划的安置点内部市政和基础设施情况及外部供水供电等配套设施情况，较好地确定和锁定意向，通过人民政府及相关移民管理方的政策宣传，耐心细致的讲解，对集中补偿的基础设施费用和自主安置基础设施补偿费用的运用和不同点有了充分理解和认识，部分移民可能因为追求更好的居住地而有了转变选择集中安置意愿的想法，进而提出选择改变安置方式。

4.2.2.3　实践情况

（1）逐步确定移民安置意愿，充分保障移民权益。当前绝大多数水电工程移民安置工作采取初步摸底、初步分析容量、征求意愿、规划设计审批、锁定移民意愿、安置区建设的工作方法，较好地推进了前期规划设计阶段移民安置工作的开展。在实施过程中，各级人民政府高度重视和关注移民意愿，在开展深入细致的宣传解释工作后，确因实施条件发生变化导致移民意愿变化的，实施各方和移民管理机构以及移民规划审查单位本着实事求是、尊重移民意愿的原则，开展相关变更设计工作，充分保障了移民权益，最终与移民签订了安置协议，完成了移民安置工作。因此，从实践情况看，该工作方法是行之有效的。

（2）及时掌握移民意愿变化情况，实事求是地处理变更。按照移民安置政策，移民安置规划报告审批后即可组织移民安置工程项目实施，特别是国家发展和改革委员会《关于做好水电工程先移民后建设有关工作的通知》（发改能源〔2012〕293 号）出台后，大量移民集中安置点在项目核准后即按照规划设计成果开展了居民点基础设施建设工作，但是由于移民安置规划报告通过审批后，移民安置补偿标准才得以最终确定，部分移民清楚补偿补助标准后，可能根据自身情况提出改变集中安置为分散安置的诉求，原规划的居民点可能面临规模减小或取消建设任务的情况。为了避免资金浪费，地方人民政府、移民管理机构及相关各方从实事求是的角度，通过召开沟通协调会议，建立了有效应对措施，依法合规地开展变更处理，再按审批的变更设计成果启动建设；对于部分在移民意愿变化前已启动建设的项目，也按照实事求是原则，将已实施未利用工程量纳入变更设计或规划调整处理。从大渡河流域、雅砻江流域实践情况看，这种情况常有发生。

案例 4.27

雅砻江两河口水电站

2014 年，两河口水电站项目核准后，移民安置进入实施阶段。由于规划阶段到实施阶段时间跨度较长，随着周围环境的变化、补偿政策变化以及其他因素影响，实施过程中部分移民搬迁安置意愿发生改变，很多之前选择集中安置的移民改为分散安置，规划阶段集中安置 1655 人（其中进入集中居民点安置 563 人，进入集镇安置 1092 人）中，其中有 1159 人变更为分散安置。

由于移民意愿变化，大部分移民由集中改为分散，规划报告中集镇及安置点的规模、数量或功能发生了变化。根据原规划，雅砻江两河口水电站共需迁建四川省甘孜州雅江县普巴绒、瓦多和道孚县下拖、亚卓、红顶、仲尼 6 座集镇以及新建杜毕、瓦格庄房、木衣、日孜、理塘新城区 5 个居民点。因为移民实施阶段移民安置意愿的改变，各县人民政府逐级上报四川省原扶贫开发局，请求对相关集镇及安置点的规划方案进行调整。最终甘孜州道孚县下拖、红顶、仲尼集镇新址不再安置移民，杜毕、瓦格庄房、日孜、理塘新城区 4 个居民点取消修建，普巴绒、亚卓、瓦多集镇新址和木衣居民点规模减小。上述居民点、集镇建设时间大部分在发现意愿变化之后开展了变更设计，未造成投资浪费。

甘孜州雅江县瓦多集镇、道孚县亚卓集镇作为"先移民后建设"示范工程，在项目核准后即启动了项目建设，并在发现移民意愿变化之前完成建设，移民意愿变化后，两个集镇安置规模均减小，用地需求实际减小，两个集镇按原规划规模建设后形成了已实施未利用的场平工程，造成工程投资超出实际安置数量。

（3）安置意愿变化延缓搬迁安置进度。按照四川省移民安置管理办法，移民意愿变化导致农村移民安置方案调整属于重大设计变更，需履行变更申请、行政审批变更立项、变更设计、技术审查、行政审批变更设计的程序，变更程序所需工作周期普遍较长，部分地质条件复杂的项目，还需开展大量勘察论证工作，设计工作周期较长；同时，随着时间推移，社会经济向前发展，物价水平可能变化较大，建设标准和要求也可能提高，进而使得移民安置进度较原计划可能滞后，投资变化也较大。

案例 4.28

大渡河流域猴子岩水电站丹巴县
移民安置方案调整

猴子岩水电站移民安置规划报告于 2009 年审定，2012 年启动四川省甘孜州丹巴县移民安置工作时，发现移民意愿变化强烈。一是原选择白呷山安置点的移民不愿前往安置。审定规划中白呷山安置点规划搬迁安置 89 户 365 人，占搬迁安置移民的 32.2%，但由于时间推移，这部分移民意愿发生了变化。从移民意愿对接成果看，虽然地方政府开展了大量宣传引导工作，但只有 3 户 18 人愿意到白呷山安置点进行安置，占搬迁安置人口的比例不到 0.2%。从尊重移民意愿角度，白呷山安置点已失去继续推进的前提条件。二是库区移民集中、分散安置意愿发生了交错变化，移民人口也自然增长，原规划白呷山和小成都两个集中安置点共安置 142 户 606 人，现阶段移民集中安置意愿为 189 户 867 人；原规划分散安置 527 人，现阶段移民分散安置意愿为 421 人。由此，原规划的方案难以实施，需调整安置方案。

猴子岩水电站淹没涉及丹巴县格宗乡 7 个村组，其中 3 个属于全淹村；

半淹的开绕、俄呷、马尔 3 个村老村寨均位于半山腰，山上土地资源有限，安置容量较小，距离库区需要修建十多千米的盘山公路，加上地形陡峭，后靠安置较为困难；原规划在县城周边的白呷山新建集中居民点安置，但因格宗乡与安置地存在土司文化的历史纠葛，当地村民不接受移民，因此格宗乡移民只能选择在本乡内安置。地方政府从 2012 年起不断引导移民分散安置，但受线外资源管护、剩余资源不足、文化习惯难以融入、进城安置生活难以保障等因素影响，仍有近 50% 的移民要求要集中安置。格宗乡移民安置点选址从 2013 年起开始，设计单位开展了江口、小成都、子各里、索龙沟、阿都地、格宗垫高 6 个居民点选址论证及方案组合研究的勘察设计工作，但要么是场地面积较小不能满足安置需求（如小成都场址可用面积约 45 亩，仅可安置约 300 人），要么是周边地质灾害发育（如江口组属于泥石流冲积扇、阿都地属于格宗滑坡体、子各里后坡高位危岩发育、索龙沟泥石流发育等），最终选择了恢复原有河道进行垫高造地、避让泥石流、对后边坡潜在不稳定斜坡进行治理的格宗居民点方案，垫高造地 150 亩安置移民 198 户 867 人，场地平整和基础设施投资高达 4.5 亿元，人均投资近 52 万元，投资总额较原规划增长约 4 亿元。可以看出，丹巴县农村移民安置工作因移民意愿变化，从 2013 年开展方案调整到 2022 年移民房屋建设完成，历时 9 年，移民安置进度严重滞后于工程建设，且投资变化较大。

4.2.2.4　实践效果

从大渡河流域到雅砻江流域典型项目的实践情况来看，移民意愿变化造成原规划的安置方案难以实施，进而导致集中安置点规划设计变更，不但耗费大量人力、物力和财力，还影响了移民搬迁安置进度。因此，在规划设计阶段尽量创造锁定移民安置意愿的条件，促使实施阶段移民安置意愿不出现颠覆性变化，是移民安置工作的重点，值得实施各方高度关注，也是未来移民安置工作优化改进的方向。

4.2.3　移民人口界定

4.2.3.1　主要政策规定

《水电工程建设征地移民安置规划设计规范》（NB/T 10876—2021）《中华人民共和国土地管理法》（2019 年 8 月 26 日十三届全国人民代表大会常务委员会第十二次会议通过）等规定，移民安置规划阶段将搬迁安置人口界定到人，移民生产安置人口的计算单元只到最小集体经济组织。《四川省〈大中型水利水电工程建设征地补偿和移民安置条例〉实施办法》（四川省人民政府令第 268 号）规定县级人民政府负责本县（市）行政区内移民安置实施工作，并明确由综合设计、综合监理等协助开展移民人口界定工作。

4.2.3.2　面临困境

移民人口界定是以移民安置规划报告确定的各村（组）生产安置、搬迁安置人口为基础，在移民安置实施阶段，将生产安置人口和搬迁安置人口分解、核实、界定到户（人）的工作。界定的人口经批准后作为移民安置补偿、后期扶持的对象，直接关系到移民的切身利益，是移民安置实施工作的重要内容之一，关乎库区社会的稳定与发展。随着社会经济的发展，移民政策和户籍政策的调整完善，移民人口界定工作需要考虑的内容更多，需要在界定前认真细致收集基础资料、掌握每户基本情况，也需要对移民政策和界定办法进行充分论证，科学合理、认真细致地开展界定工作。正因为人口界定的敏感性、人口情况的错综复杂性，界定工作的关键和难点就是要一方面要尽可能做到公平公正、实事求是；另一方面要与现行政策法规和相关管理办法相衔接。

4.2.3.3　实践情况

从实践来看，四川涉藏地区水电站移民工程移民人口界定办法主要由市（州）、县级人民政府会同项目法人、综合设计、综合监理等相关单位依据《大中型水利水电工程建设征地补偿和移民安置条例》（国务院第471 号令颁布、国务院令第 679 号修订）、《中华人民共和国户口登记条例》（1958 年 1 月 9 日全国人民代表大会常务委员会第九十一次会议通过）、《中华人民共和国土地管理法》（2019 年 8 月 26 日第十三届全国人民代表大会常务委员会第十二次会议通过）、《水电工程建设征地移民安置规划设计规范》（NB/T 10876—2021），以及各项目审定的移民安置规划报告、实物指标调查细则、停建通告等协商制定。从典型项目调研情况看，主要实践情况如下。

（1）统一制定移民人口界定办法。为规范移民人口界定工作，四川涉藏地区各水电站在移民安置实施启动后，均先后发布了移民人口界定办法或农村移民安置管理办法。仅涉及一个县级行政区的，由该县组织制定人口界定办法，如大渡河流域泸定水电站，建设征地范围全部位于甘孜州泸定县境内，由甘孜州泸定县人民政府及移民管理机构组织编制。涉及多个县的，由市（州）统一制定电站移民人口自界定办法，如雅砻江流域两河口水电站涉及甘孜州雅江、道孚、新龙、理塘四县，移民人口界定办法由甘孜州原扶贫和移民工作局统一制定。

（2）细化人口界定具体办法。从调研情况看，为了做到公平公正地界定移民人口，各县均制定了人口界定办法，对人口界定的相关要求做了详细的规定。

1）移民人口界定截止时间的确定。经调研，对于移民人口界定的截止时间，主要有 3 种做法：第一种是确定相对固定时间，如雅砻江两河口水电站移民人口界定截止时间，结合移民搬迁安置进度，以会议纪要方式明确统一的界定截止时间为 2016 年 8 月；第二种是在发布的人口界定办法中明确截止时间为安置协议签订时间；第三种是根据安置方式、各安置点建设情况，以文函形式将安置点具备安置条件的时间确定为移民人口界定截止时间。

2）搬迁安置人口的界定方法。

一是常规规定。四川涉藏地区项目对于搬迁安置人口的界定办法常规规定主要包括：实物指标调查阶段，在建设征地范围内有主住房（附属房除外）、农业户籍在本村或非农业户籍在辖区派出所的人口才能登记人口（在职财政供养人员和国企正式员工除外）。实施阶段，人口界定截止时间前，移民户新出生的、合法婚嫁（以结婚证为准）迁入的人口，以及移民户中户籍临时转出回原籍的义务兵、在校或毕业尚未就业的大中专学生、劳改劳教人员等，由移民户提出申请，逐级报至县级移民管理部门审核后，界定为搬迁安置人口。

二是关于配偶及其子女。对于婚迁人口及其子女能否纳入搬迁移民进行安置，做法上存在一定的差异。一类是完全按户籍来界定人口，移民的配偶及子女可从线外迁入并界定为移民；另一类则按照"少迁多"的原则做出了一定的限制，如大渡河流域双江口、雅砻江流域两河口水电站规定"在实物指标调查时合法夫妻一方及其子女户口在库区内，另一方户口在库区外，实物指标复核确认后、搬迁安置协议签订前，要求将另一方户口迁往库区的，予以认可，属移民人口；夫妻一方在库区内，另一方及其子女在实物指标调查前将户口上在库区外，实物指标复核确认后、搬迁安置协议签订前，要求将另一方及其子女户口迁往库区的，不予认可，不属移民人口"。

三是关于扩迁人口。一般做法是扩迁人口按被征收耕（园）地面积由多到少排序确定，被占用土地面积多的优先确定为扩迁人口，直至界定人口指标用完为止。从实践情况看，四川涉藏地区河谷地带土地连片且质量较好，随着海拔增高，土地坡度增大，土地趋于分散且质量普遍逐渐降低，基础设施条件也相对河谷地区更差，再加上传统的"不患贫患不均"的思想观念，部分地区并未按排序方法开展界定工作，而是通过集体投票或抓阄的方式确定。同时随着逐年货币补偿安置方式的推广，对被征收耕（园）地进行逐年补偿处理后，实际淡化了扩迁人口概念，因为建设征地对其生产生活的影响通过货币补偿予以解决，所以很多项目未再开展因生产资料丧失而需要扩迁安置的人口界定相关工作。

3）生产安置人口的界定办法。

一是移民安置政策规范规定，生产安置人口根据集体经济组织被征收生产资料［主要为耕（园）地］及集体经济组织人均水平计算确定。移民安置规划将生产安置人口计算到最小集体经济组织，生产安置人口界定到户、到人的工作需在实施阶段由县级移民主管机构组织确定。通常做法如下：①将全淹村［耕（园）地全部位于建设征地范围］农业人口全部界定为生产安置人口；②征收部分耕（园）地的集体经济组织，按被征地多少进行排序，被征地面积大的优先界定为生产安置人口，具体人员由村民（代表）大会讨论，经公示无异议，报县级移民主管机构认定；③实物指标复核确认后、搬迁安置完成前，农村移民户新出生人口、合法婚嫁（以结婚证为准）户籍迁入的农业人口，界定纳入生产安置人口；④户籍在建设征地范围内的农业人口，搬迁安置前已被国家机关、事业单位录（聘）用的公职人员，以及符合《中华人民共和国兵役法》就业安置条件的现役军人，界定不纳入生产安置人口；⑤安置人口的界定坚持"新增死减"原则，即符合条件的机械增长和自然增长人口界定纳入移民人口，已界定的移民人口在安置前死亡或已享受财政供养的将被取消移民人口身份。

二是对于采取逐年货币补偿方式的生产安置人口的界定。由于四川涉藏地区水电建设征地涉及区域普遍位于高山峡谷地区，土地资源匮乏，在充分尊重征地范围移民意愿的前提下，多座电站因地制宜采取了多渠道、多途径移民安置措施，有效减轻了土地筹措压力，如大渡河流域毛尔盖和双江口水电站、雅砻江流域两河口水电站等均采用了逐年货币补偿安置方式。逐年货币补偿安置方式存在"对人不对地""对地不对人"两种模式，四川涉藏地区主要采用的是"对地不对人"模式。"对地不对人"模式按移民户被征收耕（园）地面积进行逐年补偿，补偿费用与被征收的耕（园）

地面积挂钩，理论上不需要将生产安置人口界定到人，但按后扶政策要求将后扶人口界定到人，后扶直发直补费用需对应发放。若不将生产安置人口界定到人，纯生产安置人口直发直补费用难以发放到人，将出现与后扶政策难以衔接的问题；若将逐年货币补偿生产安置界定到人，从常规逻辑来看，采取逐年货币补偿的移民户内人口均进行了生产安置，即均应界定为生产安置人口，这显然与移民规范确定的生产安置人口计算方法不相符。雅砻江两河口电站已面临逐年货币补偿安置方式生产安置人口的界定问题，有待进一步实践探索，详见以下案例。

案例 4.29

雅砻江两河口水电站移民人口界定

1. 生产安置人口

根据《中华人民共和国土地管理法》（2019 年 8 月 26 日第十三届全国人民代表大会常务委员会第十二次会议通过）和规范的要求，生产安置人口应以其主要收入来源受淹没影响的程度为基础研究确定。雅砻江两河口水电站建设征地主要涉及耕（园）地及林地、草地，草地均为其他草地，收益很低；受禁伐令影响，林地林木给移民带来的收益也少，林下资源中虫草、松茸等收益较高，但位于高山上，不受影响；如果耕地上获得的收入得到恢复，就能基本保证其原有收入水平不下降。因此，生产安置人口依据建设征地土地调查成果及各村组剩余耕（园）地调查成果结合建设征地涉及各乡农经资料，以征收面积除以建设征地前各村人均耕（园）地面积进行计算，基准年共有生产安置人口 5461 人，并根据人口自然增长率推算至规划水平年为 5953 人。

雅砻江两河口库区移民绝大部分采用逐年补偿方式进行安置，少量自行安置也是采用一次性补偿，两者依据的都是淹没耕（园）地面积，与生产安置人口的多少基本无关，因此，在移民安置实施过程中，基本淡化了生产安置人口的概念，部分移民干部甚至不知道生产安置人口的概念，只在计算后期扶持的人口时考虑了生产安置人口，但由于坝前大部分为全淹村，无须考虑生产安置人口，库尾部分地段结合生产安置人口计算后期扶持人口，而且房屋所处位置相对耕地所处位置要低，因此，后期扶持人口也就按搬迁安置人口确定。

2. 搬迁安置人口

雅砻江两河口水电站农村部分基准年搬迁人口共计5878人,推算至规划水平年为6409人。在实施过程中,陆续收到移民的申请,反映实物指标调查后有新的婚嫁和出生人口,同时也有部分移民反映存在漏登或错登人口。由于雅砻江两河口移民搬迁安置进度较快,到2016年,已有约80%的移民完成或正在开展搬迁安置,所以,在四川省原扶贫和移民工作局组织召开的雅砻江两河口水电站2016年第一次建设征地移民安置综合监理例会上,各方协商同意对两河口库区开展最终的新增人口和未登记人口认定工作,考虑到大部分移民在2016年8月前已经完成搬迁安置或已经签订移民安置协议,因此会议纪要明确移民人口界定截止时间确定为2016年8月31日。

雅砻江两河口水电站移民人口界定范围如下:一是实物指标调查登记在册的人口;二是实物指标调查登记后,移民人口界定截止时间前,移民户中符合《四川省人民政府关于两河口水电站水库淹没区及施工区停止基本建设控制人口增长的通知》(川府函〔2008〕386号)和《雅砻江两河口水电站建设征地实物指标调查细则和登记工作方案》规定的人口。设计单位依据原实物指标调查细则,制定了《雅砻江两河口水电站建设征地移民安置新增人口和未登记人口工作方案》,方案中细化了认定工作程序、需提供的资料库清单以及各方职责等。经过长达两年的细致认定,最终界定两河口库区农村搬迁安置人口为7160人,较基准年人口增加1402人,较原推算到规划水平年的人口增加752人。

4.2.3.4　实践效果

(1)各水电站均有移民人口界定办法,人口界定基本公平公正。从实践情况看,各水电站移民人口界定办法虽然不尽相同,但具体到一座水电站时都有统一的移民人口界定政策,做到了一定区域内的相对公平公正,有效维护了库区社会稳定,起到了切实推进移民安置工作的作用。对于一座水电站涉及多个县(市)的由上级行政机关市(州)统一制定民人口自界定办法;一个县(市)涉及多座水电站的情况,人口界定办法和标准尽可能执行统一政策及一个区域标准一致原则,这样能够最大限度地保障水电站移民人口界定的相对公平公正。

(2)界定办法有待进一步细化研究、严格落实。

一是对于移民人口界定截止时间。从实施情况看,各项目做法并不一致,有的水电站采用统一的截止时间,有的严格将协议签订时间确定为截止时间,有的按安置方式、安置点建设情况分别确定截止时间。经分析,三种方式各有优劣，水电站采用哪种方式，一般要根据移民安置具体情况予以确定。

二是对于婚迁人口及其子女的界定。从移民的定义来看，移民是需要解决生产出路、解决居住条件的人口，部分婚嫁人口及其子女长期居住在库区外，说明其在库区外有生活来源，仅因其配偶在库区就整户享受移民政策显然已与移民的定义不符，侵害了长期在本村组生产生活的村集体成员利益。大渡河流域双江口、雅砻江流域两河口的人口界定针对婚迁人口界定为移民进行一定程度条件限制的做法确保了大多数移民利益。本书建议在制定相关限制条款时应充分调查研究，谨慎决策，避免因不适宜条款产生不利影响。

三是对于扩迁人口的界定。扩迁人口解决的是丧失生产资料，因生产安置等原因需要改变居住地的人口，原则上应按被征收耕（园）地面积由多到少排序来确定扩迁人口。从调研情况看，由于四川涉藏地区人口较少、社会关系联系密切、海拔越高土地质量普遍越差等原因，很多项目没有按制定的政策较好地实施下去，出现了扩迁人口界定人口超规划、线外土地难以有效利用、移民安置补偿补助费用增加等相关问题。

4.2.4　移民工程建设模式

4.2.4.1　主要政策规定

2006 年施行的《大中型水利水电工程建设征地补偿和移民安置条例》（国务院令第 471 号）规定，县级人民政府是移民工程的实施主体，负责辖区范围内移民工程建设。

2011 年国家能源局《关于加强水电建设管理的通知》（国能新能〔2011〕156 号）明确指出，加强建设管理，促进我国水电健康发展，要求加强水电工程前期设计，高度重视水电工程建设质量，认真做好移民安置工作。

2012 年，国家发展和改革委员会以《关于做好水电工程先移民后建设有关工作的通知》（发改能源〔2012〕293 号）明确提出，"农村居民点和迁建城市集镇新址场地平整、基础设施以及复建专业项目……也可委托水电工程项目法人、大型国有企业等有实力企业根据批准的移民安置规划代建或者总承包，确保移民工程进度、建设质量，有效控制投资"。

2014 年，《四川省扶贫和移民工作局关于印发〈四川省大型水利水电工程移民单项工程代建管理办法〉的通知》（川扶贫移民发〔2014〕314号）规定，"具有移民单项工程管理权限的省、市（州）有关部门和县级人民政府，可委托水利水电工程项目法人、主体设计单位及其他大型国有企事业为代建单位"。

经调研，四川涉藏地区的移民工程建设模式有自建（权属单位自建、移民管理部门自建）、代建（电站项目法人代建、主体设计单位代建、大型国有企事业单位代建）、总承包（主体设计单位、大型国有企事业单位总承包）三种模式，2014 年以前以"自建"为主、"代建"为辅，2014 年以后以"代建、总承包"为主、"自建"为辅。

（1）自建模式。自建模式是移民工程所属行政区划的县级人民政府作为实施主体，由县级移民主管部门负责移民工程的资金管理和实施组织工作，直到项目建成后交付使用和验收的管理模式。自建模式主要有权属单位自建、移民主管部门自建等方式。

（2）代建模式。代建模式是移民工程所属行政区划的县级人民政府作为实施主体，委托或授权具有移民工程管理权限的机构委托代建单位负责工程的建设管理，代建单位按照基本建设程序组织实施，严格控制工程建设质量、进度、安全，工程建设完毕后在委托单位和县级职能部门的协调配合下，完成项目交付使用和验收的建设管理模式。代建单位主要有电站项目法人、电站主体设计单位、其他有资质的代建单位等。

（3）总承包模式。总承包模式是经省级移民管理机构同意，由电站项目法人采用招标方式选定专业的项目建设管理单位进行项目总承包，按照合同约定对工程建设项目的设计、采购、施工、试运行、竣工验收实行全过程或若干阶段管理，并对所承包的建设工程的进度、质量、安全、费用等全面负责的管理模式。总承包模式又分为设计采购施工（EPC）、设计采购与施工管理（EPCM）、设计施工（DB）、设计采购（EP）、采购施工（PC）五种模式，四川涉藏地区水电工程涉及模式主要为 EPC 模式。

4.2.4.2 面临的困境

（1）变更较为普遍的问题。大型水电站移民工程实施过程中普遍都存在边界条件的变化导致工程变更的情况，严格按照原规划实施的工程项目较少。变更的主要原因如下：一是移民工程从设计到施工大多间隔多年，随着社会经济发展，人工、物价往往变化较大，需要调整工程建设费用；二是部分项目因勘察设计深度加深或建设边界条件发生变化，需要调整规划设计方案或施工方案；三是国家政策和行业规范调整，需要调整工程建设标准等。

（2）建设管理单位确定难的问题。移民工程种类繁多、专业性强、涉及行业部门较多，建设模式选择及建设管理单位的水平直接决定了移民工程的建设进度、质量及投资控制。四川省出台了《四川省扶贫和移民工作局关于印发〈四川省大型水利水电工程移民单项工程代建管理办法（试行）〉的通知》（川扶贫移民发〔2014〕314号），对代建单位的范围和确定给予了指导，并建议水电工程项目法人、主体设计单位及其他大型国有企事业单位等可以参与移民工程建设。在确定建设模式时，地方人民政府基于原权属单位诉求会确定部分移民工程采取自建，剩余移民工程，从利于工作推进角度，地方人民政府会优先选择电站项目法人或主体设计单位进行代建或总承包，其他大型国有企事业单位很难入场，而电站项目法人、主体设计单位承接移民工程代建或总承包的意向往往受工程规模、投资规模、建设难易程度、变更风险大小等因素制约，所以选择建设管理单位有一定局限性，进而难以确定建设模式。

（3）代建模式基础要件办理难、验收移交难的问题。从雅砻江流域、大渡河流域及金沙江流域的调研情况看，在代建模式下，地方人民政府往往将工程建设单位管理费及工程前期建设基础要件办理工作全部交由建设管理单位管理，建设管理单位需要向多个行政主管部门提交相关材料来办理建设基础要件，包括施工许可证、建设用地批复、使用林地许可、环境保护和水土保持批复、行洪论证批复等，办理难度较大、耗费时间较长；在工程建设过程中，地方人民政府及其职能部门在移民工程建设过程中参与度不高，工程验收移交后，管理责任加大、管理费用增加，因此，地方政府对移民工程验收移交工作积极性不高，移民工程建成后，验收移交较为困难。

4.2.4.3 实践情况

（1）自建和代建模式采用普遍。通过调研，雅砻江流域两河口水电站和大渡河流域长河坝、猴子岩、黄金坪等水电站的移民工程采取的建设模式及实施情况为：交通工程基本采用代建模式，由项目法人或主体设计单位代建，基本按期完成，但是规划和建设的间隔时间长，材料价格及物价、外部边界条件等原因导致部分项目发生的变更多，实施过程曲折，交通行业与电站复建交通工程设计标准面临政策更新、行业标准提高等情况，仅有少部分项目完成了实体验收工作，竣工验收及移交进展缓慢；电信工程、电力工程、测绘设施、地震观测台水准点基本采用权属人自建模式，实施进度、投资可控，变更少，竣工验收较顺利；集镇和居民点基础设施配套工程基本采用代建模式，由项目法人或主体设计单位代建，基本按期完成，但大部分仅完成了实体移交手续对接，竣工验收进展缓慢。

（2）总承包模式初步尝试。经调研，雅砻江两河口水电站移民工程通过与四川省移民主管部门及甘孜州人民政府及县级相关方的沟通协调，实施设计采购施工总承包模式（EPC）。雅砻江两河口水电站采取 EPC 模式的移民工程数量规模较大，类型较多，涉及等级公路约 90km、集镇 4 座、库周交通约 80km 等主要控制性工程，绝大部分是按照由主体设计单位总承包方式承建，移民投资规模数十亿元。截至 2022 年年底，项目已按期完成建设，大部分已完成交工验收，竣工验收和移交也在有序推进。

典型项目移民工程建设模式表详见表 4.2～表 4.5。

表 4.2　　　　　雅砻江流域两河口电站移民工程建设模式表

序号	建设模式		项　目	费用/万元	实施情况	效果
一	自建	权属单位（人）自建	移动通信 110 杆 km	2200	按期完成	好
			寺院部分外部供水和对外连接路		按期完成	一般
		移民主管部门自建	无			
二	代建	电站项目法人代建	复建雅道路Ⅱ标、Ⅳ标、Ⅴ标	58000	按期完成	好
			亚卓集镇一期市政工程	8000	按期完成	一般
		电站设计单位代建	三座集镇市政及配套设施	2600	按期完成	好
			木衣点市政及配套设施	850	按期完成	好
			四座集镇公建设施	11000	按期完成	好
			驿道及码头	20	按期完成	好
			库周交通工程	14900	按期完成	好
		有资质单位代建	桥梁工程砂石加工系统工程	1740		好

113

续表

序号	建设模式	项 目	费用/万元	实施情况	效果
三	EPC	两河口总承包复建雅道路	153000	按期完成	好
		普巴绒、瓦多、亚卓集镇二期工程及配套设施雅江、道孚（垃圾填埋场、污水处理厂）	7720	按期完成	一般
		库周交通（理塘、雅江、道孚）	101650	按期完成	好
		寺院对外连接路（红顶寺）	2300	按期完成	好
		红顶寺外部供水工程	9000	按期完成	好
		35kV 和 10kV 输变电工程（雅江、道孚）	6600	按期完成	好

表 4.3   大渡河流域猴子岩水电站移民工程建设模式表

序号	建设模式	项 目	费用/万元	实施情况	效果
一	自建	权属单位（人）自建	电力设施	4600	按期完成	好
			省道 211 隧道电源工程	2700	按期完成	一般
			中国电信	348	按期完成	一般
			中国移动光缆	210	按期完成	一般
			中国联通光缆	220	按期完成	一般
二	代建	电站项目法人代建	省道 211 公路复建	151267	按期完成	一般
			色龙盘山便道	3065	按期完成	一般
			格宗乡俄呷村复建便道	198	按期完成	一般

序号	建设模式		项　目	费用/万元	实施情况	效果
二	代建	电站项目法人代建	格宗乡俄呷桥	426	按期完成	一般
			小马儿人行吊桥及人行便道	954	按期完成	一般
			丹巴县格宗安置点垫高防护工程	39734	按期完成	一般
			门子沟至汗牛河大桥汽车便道	4493	按期完成	一般
			焦子坪安置点对外交通小金大桥	8366	按期完成	一般
			小金县焦子坪安置点基础设施	3424	按期完成	一般
		设计单位代建	泥洛河坝居民点基础设施	1323	按期完成	好
			泥洛河坝居民点房建		按期完成	好
			泥洛河坝居民点及基础设施	2894	按期完成	好
			泥洛河坝居民点房建		按期完成	好
			施工临时用地复垦		未实施	
			莫玉大桥及其引道段	12522	按期完成	好
			清家沟人行吊桥	300	按期完成	好
			丹巴县格宗安置点规划及基础设施	2805	按期完成	好
			索龙沟机耕桥	1308	按期完成	好
			汗牛公路复建工程	13469	按期完成	好

表 4.4　　　　大渡河流域长河坝电站移民工程建设模式表

序号	建设模式		项 目	费用/万元	实施情况	效果
一	自建	权属单位（人）自建	电信线路迁改	1554	按期完成	好
			电力线路迁改	1431	按期完成	一般
		移民主管部门自建	章古河坝垫高防护工程	3200	按期完成	一般
二	代建	电站项目法人代建	野坝、江嘴左岸、江嘴右岸、牛棚子垫高防护工程	10173	按期完成	一般
			等级公路迁复建	119479	按期完成	一般
			库周交通恢复	1372	按期完成	一般
		设计单位代建	野坝、江嘴左岸居民点基础设施及房建工程	9500	按期完成	好
			江嘴右岸居民点基础设施工程	7300	未实施	
			野坝、江嘴、牛棚子外部供水工程	494	正在实施	好
			长河坝临时用地复垦工程	4042	未实施	
			汤坝居民点基础设施及房建工程	2000	未实施	
三	EPC					

表 4.5　　　　大渡河流域黄金坪电站移民工程建设模式表

序号	建设模式		项 目	费用/万元	实施情况	效果
一	自建	权属单位（人）自建	电信线路迁改	385	按期完成	一般
			电力线路迁改	1070	按期完成	一般
		移民主管部门自建	无			

序号	建设模式		项　目	费用/万元	实施情况	效果
二	代建	电站项目法人代建	长坝垫高防护工程	2200	按期完成	一般
			章古河坝居民点基础设施及房建工程	7600	不能按期完成	一般
			姑咱居民点基础设施及房建工程	9200	按期完成	一般
			等级公路	41616	按期完成	一般
			库周交通恢复工程	7881	按期完成	一般
		电站设计单位代建	章古河坝外部引水工程	3918	按期完成	一般
			章古山土地开发整理	5000	按期完成	好
			章古河坝土地开发整理	400	按期完成	好
			章古山特色农业	1000	按期完成	好
			章古山生产连接路	11000	按期完成	好
			长坝居民点基础设施及房建工程	4500	按期完成	好
			长坝土地开发整理	3600	按期完成	好
			长坝、干海子外部供水工程	700	按期完成	好
			干海子临时用地复垦工程	350	按期完成	好
			时济村对外交通	2100	按期完成	好
			舍联集镇基础设施	800	未实施	好
		有资质单位代建	姑咱地震台对比观测台	2020	按期完成	好
三	EPC					

4.2.4.4　实践效果

（1）规模小、技术难度不大的项目适宜自建模式。从实践情况看，地方人民政府在移民工程技术、管理方面的水平相对较低，各主管部门参与移民工程建设管理的精力有限，缺乏专业管理团队人员，部分采取政府自建的项目出现了一些问题，实施进度、成本控制、变更调整等问题也难以与电站主体工程的建设进度和要求相匹配，导致实施效果与原有计划和目标不符，最初采用自建模式的地方人民政府及行业部门已不愿意再承接移民工程建设。对于一些规模小、技术难度不大的项目，在权属单位的主动申请下，地方人民政府也按照惯例基本都会同意其权属单位等进行自建，但为确保电站总体目标不受影响，会与权属单位签订资金、进度、责任包干协议。从已开展和实施的工程建设情况看，该类项目在建设进度保障、资金控制、移交方面总体都比较顺利，降低了工程建设延误等风险和移民安置实施难度，如雅砻江两河口水电站道孚县四座寺院新址场平及基础设施工程、大渡河流域猴子岩水电站丹巴县电力设施复建工程等。

（2）规模大、技术难度大的项目适宜设计单位代建或总承包模式。项目法人作为电站建设方，也是移民工作的实施参与方，一方面承载着主体工程的建设进度目标，另一方面又要参与、推进移民安置工作，满足主体工程建设需要。随着地方人民政府采用自建方式意向减少的情况越来越普遍，部分项目法人单位承担了部分移民工程代建。项目法人代建过程中，一方面由于其工程建设管理人员缺乏对移民政策和程序的深入了解，面对地方政府和移民各种利益诉求，依法依规解决问题的经验不足，往往为了追求工程建设进度，采取了就问题而解决问题的措施，承诺了一些看似合理却不合法合规的事项，而没有从统筹考虑移民工作的整体性和全面性方面来入手解决，造成移民工作进入被动局面；另一方面，一些技术难度较大的项目，由于认识和理解的偏差、设计与施工沟通不足、关键技术施工过程监管不足等，出现了施工方案与设计意图脱离的情况，导致了工程质量不满足要求、建设费用增加、工程建设进度延缓等问题，因此越来越多的项目法人单位也不愿意代建移民工程。近年来，电站主体设计单位大多进行了业务转型，开始涉足移民工程代建或总承包工作，利用其规划设计专业能力强、对地区风俗习惯和人文地理有较深入了解、统筹和协调能力强的优势，积极发挥主导作用，统筹做好了设计、采购和施工的融合工作，有效推进了移民工程建设进度，保障了移民工程建设质量，特别是在建设规模大、技术难度大的项目上体现得非常明显，大渡河流域双江口、猴子岩、长河坝、黄金坪、硬梁包、大岗山，以及雅砻江流域两河口等水电站移民工程，采取主体设计单位代建或总承包模式已成为主流。

4.2.5　设计变更处理

4.2.5.1　主要政策规定

移民安置规划是地方人民政府组织移民安置实施的依据，一经批准就应当严格执行。但是从近年移民安置实践来看，有的地方工作中存在不够规范的情况，影响到移民安置规划的严肃性，亟须制定政策规定进一步明确设计变更的分类标准及变更程序，进一步规范移民安置设计变更行为。同时，也要考虑规划与实施普遍存在差异的实际，坚持依法依规、实事求是，更好地维护移民安置规划严肃性，推动移民安置工作高质量发展。为此，国家制定了《关于印发水电工程勘察设计管理办法和水电工程设计变更管理办法的通知》（国能新能〔2011〕361号），四川省出台了《四川省扶贫和移民工作局关于印发〈四川省大中型水利水电工程移民安置实施阶段设计管理办法〉的通知》（川扶贫移民发〔2013〕444号）、《四川省扶贫和移民工作局关于印发〈四川省大中型水利水电工程移民安置项目设计变更管理办法〉的通知》（川扶贫移民发〔2018〕167号）、《四川省水利厅关于印发〈四川省大中型水利水电工程移民项目重大设计变更立项管理和调规调概工作流程〉的通知》（川水函〔2023〕756号），明确了设计变更流程，以此规范设计变更行为，也维护移民安置规划的严肃性。

（1）国家层面关于设计变更的管理规定。根据国务院2006年公布的《大中型水利水电工程建设征地补偿和移民安置条例》（国务院令第471号），国家能源局制定了《关于印发水电工程勘察设计管理办法和水电工程设计变更管理办法的通知》（国能新能〔2011〕361号），规定重大设计变更范围包括征地范围调整及重要实物指标的较大变化、移民安置方案与移民安置进度的重大变化、城（集）镇迁建和专项处理方案重大变化三个方面。

（2）四川省关于设计变更的管理规定。《四川省扶贫和移民工作局关于印发〈四川省大中型水利水电工程移民安置实施阶段设计管理办法〉的通知》（川扶贫移民发〔2013〕444号）规定了移民安置设计变更的适用范围、内涵及原则，对移民安置设计变更进行了分类，明确了重大设计变更、一般设计变更的审核确认程序，规范了申请材料及专题报告编制等相关要求，重大设计变更和一般设计变更流程详见图4.17和图4.18。

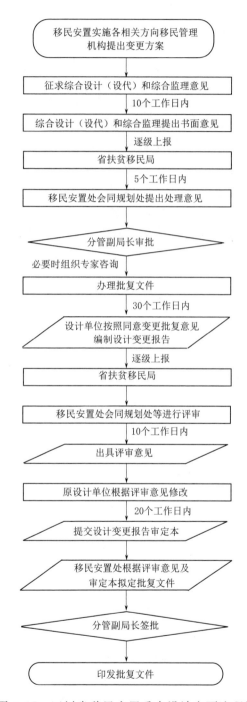

图 4.17 四川省移民安置重大设计变更流程图

图 4.18 四川省移民安置一般设计变更流程图

4.2.5.2 实践情况

移民安置工作进入实施阶段，由于地质条件、物价水平、移民安置意愿等的变化，移民安置设计需要进行变更处理。为了维护移民安置规划严肃性，对合理合法项目按照规定进行设计变更，四川省人民政府印发了移民管理办法，规范移民安置规划设计变更行为。雅砻江两河口、大渡河双江口和金沙江苏洼龙等水电站移民安置设计变更有些做法值得借鉴。

（1）依法依规履行了设计变更程序，分类分项推进设计变更。移民设计变更处理涉及移民搬迁安置、移民生产安置、集镇居民点迁建、专业设施项目复建、寺院迁建、库底清理等方面，由于建设周期长，移民安置意愿变化、国家政策持续完善调整、社会经济不断变化等因素，原规划的部分方案难以实施落地。实施各方依法依规履行了设计变更程序，分类分项积极推进设计变更工作，有效地推动了移民安置工作。

以雅砻江两河口水电站为例，两河口水电站根据移民安置工作实施情况，整合地方规划及政府要求，将道孚县境内两河口水电站移民专业复建项目长征沟连接线提升为四川省级道路标准，并融合至 S314 线中，结合甘孜州交通运输局配套资金、雅砻江公司筹措资金的方式将道孚县两河口长征沟连接线提标建设；雅砻江两河口水电站涉及的库区复建等级公路在建设过程中的调整，公路总里程超过 200km，建设规模庞大，在施工阶段，考虑到后续发展、地方诉求，结合现场地质条件等原因，依据原规划设计的方案与施工图对比情况，为推动现场工程建设，组织相关各方，依法依规地在对线路方案和施工措施等进行调整，最常见的调整内容主要包括明线改隧道、线路走向调整、桥位布置调整等。以上项目均按四川省规定履行变更程序后再实施建设。

（2）严格审批内容，优化审批程序，提高了设计变更效率。移民安置实施阶段，四川省移民主管部门严格审批设计变更内容，对设计变更随意且频繁、肆意扩大规模提高标准等现象，严把咨询审查审批关，坚持依法依规、合法合理的"底线思维"不动摇，并根据"最多跑一次"思路，提高变更审查效率，压缩了申请审核设计变更的材料数量，以及审核设计变更的办理时限，研究打包打捆集中处理的新思路，有效地提高了设计变更效率。

以雅砻江两河口水电站为例，四川省原扶贫开发局对雅砻江两河口水电站移民安置工作开展了多次现场调研，并召开了移民安置工作遗留问题处理协调会。会议议定，按照先易后难、友好协商、分类处理的工作思路，紧紧围绕雅砻江两河口水电站蓄水阶段移民安置专项验收的目标，加快推进相关工作的落实。凡属重大设计变更的事项，按照"四个优先"的原则，限定时间向四川省原扶贫开发局上报"打捆立项变更申请"，按程序报批。各项设计变更成果的报批按照"成熟一批、报送一批"的原则进行处理。

（3）各方通力合作，积极推进设计变更进度。移民安置实施阶段，各方按照"清单制＋责任制＋时限制"的要求明确了目标任务，落实了责任单位，明确了完成时限；按照重大变更、一般设计变更、协调处理、进度问题、工作问题等类型进行了分类处理。建立以四川省原扶贫开发局为督导，甘孜州原扶贫开发局统筹协调，雅砻江两河口水电站涉及县级政府归口负责，综合设计（设代）归口技术把关，综合监理抓具体落实，项目法人、代建单位积极参与配合的工作机制，通力协作，共同研究解决问题，一致推进设计变更工作。

如 2018 年 9 月，雅砻江两河口水电站移民安置实施参建各方参加移民安置工作遗留问题处理协调会，针对库区四县提出的问题进行了充分的讨论研究、沟通协商，形成了处理原则和方法，会上达成共识并议定落实了27 项需要解决的问题，有效统筹协调处理了电站建设与移民工作、脱贫攻坚及地方经济社会发展的各种关系，推动电站实现如期蓄水发电。

（4）以人民为中心，维护移民合法权益，保障库区社会稳定。移民安置实施阶段，坚持以移民为中心，把移民群众的合法权益摆在首位。通过对设计变更进行科学分类，严把与移民切身利益息息相关的重大设计变更关，从根本上避免出现"未批先变""未批先建"的行为，维护了移民合法权益，保障库区和移民安置区稳定。

以雅砻江两河口水电站为例，库区集中安置移民意愿的变化，导致移民安置规划中集镇及安置点的规模、数量或功能发生了变化。原规划共需迁建雅江县普巴绒、瓦多和道孚县下拖、亚卓、红顶、仲尼6座集镇以及新建杜毕、瓦格庄房、木衣、日孜、理塘新城区5个居民点。后因在移民实施阶段移民安置意愿发生改变，意愿进入集镇或安置点安置的移民大幅减少，为此各县人民政府逐级上报四川省原扶贫开发局，请求对相关集镇及安置点的规划方案进行调整。最终道孚县下拖、红顶、仲尼集镇新址不再安置移民，杜毕、瓦格庄房、日孜、理塘新城区4个居民点取消修建，普巴绒集镇新址、木衣居民点规模作相应的调减。再如移民安置政策变化（其中最典型的就是土地政策、林地政策以及税收政策变化）导致的设计变更。雅砻江两河口水电站移民安置规划报告根据当时四川省国土资源厅公布涉及各县的耕（园）地年产值标准确定库区涉及耕地年产值采用建设征地区统一年产值1580元/亩。2014年9月，四川省国土资源厅及甘孜州人民政府均发文明确雅砻江两河口水电站道孚县建设征地涉及各乡耕地统一年产值均为2040元/亩。为此根据相关要求，两河口的耕（园）地补偿标准也相应进行了变更，随后林地补偿标准也根据土地补偿标准进行了调整。此外，2018年甘孜州对州内耕地占用税标准进行了重大调整，雅砻江公司也根据政策要求对耕地占用税的费用进行了调整并按最新标准缴纳相关费用，维护移民合法权益，保障库区社会稳定。

4.2.5.3　实践效果

（1）完善了设计变更管理办法，规范了设计变更工作。进一步完善了移民安置规划调整机制，理顺了移民安置设计变更与移民安置规划大纲调整、移民安置规划调整之间的关系；根据四川省移民安置工作实践，进一步梳理了移民安置设计变更的分类标准，尤其是明确了重大设计变更的判定标准；根据移民安置设计变更分类情况，进一步完善了设计变更的审核确认程序；严格审批内容，对设计变更随意且频繁、肆意扩大规模提高标准等现象，严把咨询审查审批关，坚持依法依规、合法合理的"底线思维"不动摇。

（2）优化了立项审批程序，推进了工程建设。根据"最多跑一次"思路，提高了变更审查效率，压缩了申请审核设计变更的材料数量以及审核设计变更的办理时限，研究打包打捆集中处理的新思路。

（3）维护了移民合法权益，保障库区和移民安置区稳定。深化了移民意愿征集工作，加强了规划阶段设计深度和质量，避免了因项目设计遗漏而必须新增专业项目的重大设计变更，以及因设计深度不到位而需在后续实施阶段调整设计方案的重大设计变更。

4.2.6　移民资金管理

4.2.6.1　主要政策规定

《大中型水利水电工程建设征地补偿和移民安置条例》（国务院令第679号）规定，"项目法人应当根据移民安置年度计划，按照移民安置实施进度将征地补偿和移民安置资金支付给与其签订移民安置协议的地方人民政府"。《四川省大中型水利水电工程移民工作条例》（四川省第十二届人民代表大会常务委员会公告第70号）规定，"项目法人在每年10月上旬，向签订移民安置协议的地方人民政府或者其委托的移民管理机构提交次年移民安置任务和资金计划建议"。移民资金一般采用计划管理方式，专款专用，项目法人按计划拨付资金，地方人民政府按年度计划使用资金。

《四川省大中型水利水电工程移民资金管理办法》（川扶贫移民发〔2014〕259号）全面制定了移民资金管理的要求，如移民资金管理基本原则：统筹管理，分级负责；概算控制、计划管理；专户储存、专账核算、专款专用；严格监管，注重实效。重要条款有"移民管理机构根据批准的移民安置规划、移民资金概算，按当年移民安置任务编制移民资金年度计划""下达的移民资金年度计划应严格执行，不得随意调整，确需调整的按规定程序报批""水利水电工程项目法人根据下达的资金年度计划拨付资金。大型水利水电工程移民资金拨付到四川省扶贫移民局，中型水利水电工程和授权市（州）管理的大型水利工程移民资金划拨到市（州）移民管理机构""移民资金根据下达的年度计划和移民工作任务完成情况逐级拨付"等。

移民安置资金是做好移民工作的基础，没有资金保障，现场工作开展难度较大，实施缓慢，因此从项目法人筹措、拨付移民资金，到省级移民管理机构分批下拨到市（州）、县（市），再到县级移民管理机构兑付到个人或权属单位，都必须将移民安置资金作为重要工作进行安排和统筹。2024年年初，四川省水利厅作为省级管理部门，制定了详细规章制度和资金拨付使用流程，各方应严格执行。

4.2.6.2 面临的困难

四川省移民安置资金管理制度是严格的，也是很规范的，执行情况基本满足移民工作需要，但在调研走访中，也反映存在移民资金拨付不能及时到位、暂存资金过多、概算项目不对应、个别电站移民资金拨付与现场工作需要不同步、影响移民搬迁安置进度等问题。

4.2.6.3 实践做法

在四川省移民管理机构统筹管理下，涉藏地区移民资金管理也和其他市（州）同样方式执行，在参与各方共同配合下，移民资金管理规范有序，满足安全高效的要求。雅砻江两河口、大渡河双江口和金沙江苏洼龙等水电站都有大量移民安置任务，移民资金少则几十亿元，多则一百多亿元，均是按年度计划拨付和使用资金，保证了移民工作需要。在实施过程中，雅砻江两河口水电站移民资金管理做法值得借鉴。其主要做法如下。

（1）省级移民管理机构坚持实行计划管理，动态调整。四川省级移民管理机构依据《四川省大中型水利水电工程移民资金管理办法》（川扶贫移民发〔2014〕259 号），每年年初下达水利水电工程移民安置工作任务和移民资金计划文件。首先下达文件前充分征求各方意见，做到移民资金与工作任务相匹配；其次在实施时根据工作计划拨付相应资金，四川省水利厅对每个电站开设专户，保证专款专用，不挪用窜用，同时在资金使用过程中加强监控，及时检查资金使用效率，对能完成年度工作任务和资金使用的单位给予表扬，对于不能完成任务和资金使用的单位给予批评，督促各方加快推进；最后在下半年根据实际工作进展情况，及时调整工作任务和资金计划，做到当年任务当年完成，动态掌控移民资金，保证移民资金规范按计划使用。

（2）项目法人以审定规划报告为依据，组织进行资金分解。移民安置资金涉及千家万户，需要准确兑付，项目法人积极参与移民安置工作，对移民资金全面分解，保证兑付过程不出差错。雅砻江两河口水电站库区涉及 4 个县 20 个乡 82 个村，移民搬迁人口 7569 人，移民安置资金超过 140 亿元，县县之间、乡乡之间、村村之间、移民与移民之间资金量存在较大差异，为了避免矛盾和攀比，项目法人组织综合设计、移民监理等单位配合四县政府进行了全面分解和核对。

属于移民个人的补偿补助资金（含生产安置资金），雅砻江两河口水电站移民综合监理单位进场后，指导和协助县级移民管理机构第一时间开展移民建档建卡，以原始调查成果和规划报告审定的标准为依据，以移民户为单位建立移民个人补偿补助资金档案，经公示无误后作为县级政府及移民管理机构与移民户签订搬迁协议和兑付移民补偿补助资金的依据。

在实施过程中，地方人民政府根据移民搬迁进度，创新提出了"3331"补偿兑付法：在移民户搬迁合同签订后兑付30％资金，新房建完第一层并现场查验后兑付30％资金，新房搬迁入住并查验后兑付30％资金，旧房拆除并查验后兑付剩下的10％资金。移民个人资金在兑付前要四方现场查验进度，依据进度付款，并且在兑付资金前移民综合监理还要审核确认，最后县级移民管理机构履行内部程序，将资金直接兑付到移民户银行卡内，每笔资金兑付前都要按流程反复核对，确保准确无误。

集镇、居民点基础设施和交通、供水、供电、通信等专业复建项目，以审定移民安置规划报告为依据。在工程项目建设之前，主体设计单位向项目法人及各方提供工程建设项目费用分解表，作为工程建设项目资金拨付依据，再依据实施计划将资金分解到各年度，每年按上级下达计划拨付和使用项目资金。

库底清理资金，根据实施计划将资金分解到各县级移民管理机构和相应年度，对应年度工作任务拨付相应资金到各县级移民管理机构，再具体使用。移民综合设计、综合监理、独立评估等费用，按照相应合同规定逐年拨付到四川省水利厅。耕地占用税、森林植被恢复费等税费，由项目法人根据土地、林地报件进展情况向相关主管部门缴纳。

（3）项目法人以服务移民安置和工程建设为宗旨，按期拨付移民资金。移民资金运转需要一定周期，从项目法人拨付到四川省水利厅再到县（市）需要一定的周期，但往往现场工作急需使用移民资金。为了保证移民安置进度，适当提前安排资金，对移民安置和工程建设是有推动作用的。项目法人在两河口水电站对移民资金的拨付指导思想是"依法依规、适当超前、服务建设"。在依法依规拨付的前提下，对农村移民安置和水电站蓄水有较大影响的专业复建项目，项目法人在资金上优先保证、按期拨付。为了加快移民搬迁安置进度，根据地方人民政府要求，对甘孜州理塘县、新龙县移民个人补偿补助资金集中拨付，雅砻江两河口水电站在2014年9月获得核准，项目法人在2015年上半年已将移民个人资金拨付完成，2016年将甘孜州雅江、道孚县移民个人补偿补助资金基本拨付完成。项目法人在移民资金拨付方面始终做到超前于移民搬迁安置进度，不影响地方人民政府实施，虽然为此多支出贷款利息，但一切以移民需要为中心，积极向移民倾斜。对于地方自建的专业项目，如库周交通工程、寺院迁建项目、集镇和居民点基础设施等，项目法人在资金拨付也是适当超前，这对复建专业项目建设起到了很好的推动作用。其他如大渡河双江口和金沙江苏洼龙等电站做法也是类似的，均是提前计划，按期拨付移民资金，保证移民工作需要。

（4）各方严格执行程序，确保移民资金拨付有据。移民安置过程中可能要发生设计变更或政策调整，移民概算随之而变，但要在资金管理中不出差错，就需要严格执行移民程序。

首先，雅砻江两河口水电站在推进移民安置工作的同时，对移民概算进行依法依规管理，从移民安置规划报告审批到移民安置实施完成，时间跨度超7年，发生了政策调整、指标变化和工程设计变更等，项目法人严格按照移民程序履行设计变更流程。雅砻江两河口水电站移民安置实施过程中涉及金额较大的设计变更有寺院、宗教活动点、新增人口认定、土地补偿标准提高以及部分库周交通等，这些设计变更既影响电站移民安置投资，也间接影响四川省水电移民安置补偿标准，项目法人遵循依法依规的原则，配合相关方按照四川省水利厅规定的流程开展设计变更工作，一般变更由移民综合监理单位负责组织各方认定，对涉及补偿标准调整、实物指标变化、重大设计变更的内容，按程序先进行立项报批，批准后由设计单位编制专题报告上报四川省水利厅，四川省水利厅组织审查单位评审并批复后再执行。

其次，对于已经批复的变更，考虑到变更项目往往是比较急于实施的，在制定移民工作任务和资金计划时，一般会在次年列入该项目资金。对于正在走流程的变更项目，如果该项目是比较紧急的，也会列入次年预安排资金中；如果该项目是移民安置规划报告中已有的，为配合该项目的实施，在资金计划中先考虑已经审定的资金，待变更审批后再拨付追加投资，也可以在预安排资金中先估列部分资金。对于未审批的设计变更项目，项目法人不会先行拨付资金，以确保程序合法合规，不出现未批先建的情况。

基于以上做法，雅砻江两河口水电站移民安置项目已经实施完成，移民资金已基本拨付完毕，尚待处理的设计变更项目剩余不多，无论是与同流域电站还是四川省甚至全国同类水电站移民补偿费用变化相比，雅砻江两河口水电站移民安置补偿投资增加比例不高。

（5）县（市）政府规范有序使用移民资金，保证移民安置效果。县（市）政府是兑付补偿补助类资金和大部分工程建设项目的实施主体，大量的移民安置资金使用在县（市）。四川涉藏地区涉及水电开发的县（市）认真执行四川省水利厅移民资金管理规定，按政策和规范使用移民资金。以雅砻江两河口水电站为例，库区四县与移民监理单位充分合作，依靠综合监理单位的专业技术力量协助管控资金。县（市）移民管理机构和移民综合监理单位对移民补偿补助项目和专业复建项目以最小权属单位进行详细分解并建立相同的台账。在资金拨付使用时，移民综合监理单位以台账为依据，协助县（市）局逐项逐户核对项目及资金，避免资金兑付、使用混乱和违规超概情况发生。雅砻江两河口水电站资金监督过程中，移民综合监理单位逐渐形成了"一逐项、两对照、三必须"的做法。"一逐项"就是每次审核必须逐项审核全部补偿补助项目；"两对照"就是每次审核必须对照数量和标准；"三必须"就是补偿补助资金兑付前，必须经监理单位审核后方能进入兑付程序，实施单位每一项兑付单据必须经监理单位签字确认，补偿补助资金兑付完成后，必须对相关兑付资料再次进行审查。事实证明，具有雅砻江两河口水电站特色的这种资金管理方式是行之有效的，保证了移民资金的安全。

4.2.6.4 实践效果

（1）很好地执行了省级移民管理机构的年度资金计划。雅砻江两河口水电站移民安置资金从 2013 年移民安置规划报告批复后就严格执行省级移民管理机构相关规定，移民资金按程序由电站项目法人拨付到四川省省级移民管理机构，再逐级拨付到甘孜州州级和县级移民管理机构，每年分 2～3 次拨付，确保基层不因资金原因而影响工作。通过各方的共同配合，雅砻江两河口水电站移民安置资金已拨付使用超过 130 亿元，都是按照移民安置规划或已审批的设计变更项目在使用，没有出现超概拨付和使用情况。

（2）资金拨付公开透明，服务移民安置各项任务。每次拨付雅砻江两河口水电站资金时，项目法人将资金分解到各县和各项目，并且及时发函告知省、州、县移民管理机构，保证拨付情况公开透明，移民资金管理很好地服务了移民安置和工程建设，地方人民政府能根据资金到位情况及时安排相应的工作任务。对于雅砻江两河口水电站移民资金拨付和使用，上到四川省级移民管理机构，下到移民管理基层单位，都评价较高，雅砻江两河口水电站移民资金管理的"公开、公平、及时"，为四川省移民安置工作做出了较好的示范作用。

4.2.7 技术培训

4.2.7.1 移民干部培训

1. 主要政策规定

（1）国家层面关于移民干部培训的相关规定。2011 年《国家能源局关于加强水电建设管理的通知》(国能新能〔2011〕156 号)明确,"(六)加强移民干部培训和移民生产技能培训。地方各级人民政府要加强移民干部培训,确保移民干部全面掌握移民政策,提高移民工作水平;重视移民工作方式方法,建立移民干部与移民群众的有效联系制度,融洽移民干部、群众的关系"。《水电工程建设征地移民安置补偿费用概(估)算编制规范》(DL/T 5382—2007)明确"技术培训费用是指用于提高农村移民生产技能和移民干部管理水平的费用",并规定"移民技术培训费:按农村部分补偿费用的 0.5% 计算"。

(2)四川省关于移民干部培训相关规定。《四川省〈大中型水利水电工程建设征地补偿和移民安置条例〉实施办法》(四川省人民政府令第 268号)第二章规定四川省原扶贫移民局负责"组织移民劳动力转移培训和移民干部培训""市(州)人民政府负责组织中型水利水电工程移民技能培训和移民干部培训"。《四川省扶贫和移民工作局关于印发〈四川省大中型水利水电工程移民资金管理办法〉的通知》(川扶贫移民发〔2014〕259 号)中规定,"技术培训费包括移民生产技能培训费和移民干部培训费,60% 用于移民生产技能培训,40% 用于移民干部培训",并明确了干部培训费各级分配比例,其中大型水电工程省、州、县三级按 50%、30%、20% 的比例分配,中型水电工程市、县两级按 60%、40% 的比例分配。

2. 面临困境

(1)移民工作经验缺乏,政策理解不到位。工程建设的关键在移民,移民工作的关键在干部。移民工作好不好,直接关系到工程的顺利建设和水利水电事业的可持续发展;移民工作好不好,直接取决于移民工程干部队伍的能力和水平。由于水电工程移民政策性强、涉及面广、影响因素多,是一门集自然科学和社会科学于一体的综合性系统工程,移民干部就是执行这一复杂而艰巨任务的组织者和实施者。移民工作的综合性、系统性、复杂性,决定了对移民干部素质的要求极高。但由于四川涉藏地区水电开发涉及市(州)县相对闭塞,干部经验相对不高,加之都是初次接触移民工作,难以避免对水电移民工程政策理解不到位,政策难以落实的情况。

(2)涉及层级多、方面广,培训效果受人员变更影响难以长期保持。移民安置工作涉及省、市(州)、县(市)、乡(镇)多个层级的实施管理工程,还涉及财务管理、档案管理、后期扶持等专项管理内容。各层级工作职责不同,相关专项管理也存在较大的差别,针对所有相关工作进行深入细致的培训难度较大。同时,水电移民安置实施工作短则 3~5 年,长则持续十余年,移民干部正常职务调动,加之水电移民安置政策不断发展完善等原因，移民干部培训效果难以得到长期保持。

3. 实践情况

（1）分层级对移民干部进行政策法规培训。四川涉藏地区经济欠发达、地理位置相对闭塞，为了提高移民干部的理论素养、知识水平、业务本领，适应新时期的新形势、新问题、新任务，四川涉藏地区水电移民干部培训工作逐渐形成了分层级对移民干部进行培训的机制。依托四川省级层面对涉藏地区市（州）政府移民干部及项目法人和移民安置"设计、监理、评估"单位进行培训，市（州）级组织县级移民干部培训，县级组织乡村一级移民干部培训。四川省级层面培训主要内容为宣贯国家及省级层面出台的新政策、新要求，市（州）、县级培训内容主要为移民政策及相关管理要求的宣贯，乡村一级主要为依据政策结合当地水电移民安置规划进行宣贯。同时，个别市（州）、县（市）级人民政府也在定期不定期邀请行业专家开展培训，以及组织四川涉藏地区移民干部到经济较为发达地区水电项目进行考察学习的培训方式。

案例 4.30

信 息 系 统 培 训

2014 年四川省建成全省移民信息、资金信息和后期扶持管理信息的"三网联动"管理平台后，四川省原扶贫开发局抽调骨干到涉及水电开发的各市（州）组织召开"信息系统培训会"，通过政策宣讲、技术指导，迅速实现了移民工作动态管理、实时监测。

案例 4.31

业 务 培 训

2017 年年底，四川省阿坝州扶贫和移民工作局邀请中国电建集团成都勘测设计研究院有限公司水利水电工程移民干部业务培训相关专家，召开了阿坝州马尔康市双江口水电站移民干部一、二期业务培训。经过培训，两期学员的日常业务工作能力均大幅提升，移民干部业务培训效果得到四川省原扶贫移民工作局、阿坝州原扶贫和移民工作局等相关部门及领导的高度评价和认可。为了进一步提高阿坝州移民干部的业务能力，阿坝州原扶贫和移民工作局通过招标选聘单位开展了 2018—2021 年移民干部培训服务工作，对有序推进阿坝州移民安置工作起到了积极的推进作用。

（2）务求实效，注重操作层面的培训。移民安置工作需要开展大量的协调工作，乡（镇）、村级干部是最基层干部也是协调工作的主要执行人。四川涉藏地区移民安置工作高度重视乡（镇）、村级干部的培训，既注重移民政策宣贯，同时也务求实效，注重操作层面的培训。

案例 4.32

专 题 培 训

2009 年，四川省甘孜州雅江县两河口水电站站实物指标调查开展前，雅江县政府邀请甘孜州原扶贫和移民工作局、设计单位等对参与调查的相关职能部门、乡镇干部等开展了"实物指标调查专题培训会"，对实物指标调查必要性、各项指标调查的具体方法等进行了培训，顺利推进了后续实物指标调查工作。

案例 4.33

政 策 培 训

2012 年，大渡河流域猴子岩、长河坝、黄金坪三级电站大规模移民搬迁前，四川省甘孜州康定市邀请设计单位对全体移民干部进行了培训，培训对国家、省级层面移民安置政策以及三级电站移民安置规划、补偿标准等进行了详细的讲解，解答了移民干部关心的问题。移民干部了解相关政策后再向移民进行宣贯，确保了移民安置搬迁工作的顺利推进。

4. 实践效果

（1）政府高度重视，分层级、系统全面培训效果好。移民工作各层级职责不同，为了提高移民干部的理论素养、知识水平、业务本领，适应新时期的新形势、新问题、新任务，四川涉藏地区水电移民干部培训工作采取了分层级对移民干部进行培训的工作机制，确保各层级能尽快掌握各自的职责并形成实际工作能力。个别市（州）、县（市）级政府采用了邀请、委托行业专家开展培训的方式，能够系统全面地对行业政策、实施操作进行培训、指导，效果较好，值得推广。

（2）对标典型项目，考察学习具有积极意义。组织移民干部到经济较为发达地区的水电项目进行考察学习等的培训方式，能开拓四川涉藏地区移民干部视野、解放思想，对提高四川涉藏地区移民干部综合能力具有重要作用，对标行业典型项目，对四川涉藏地区移民安置工作顺利推进具有积极的意义。

（3）组织专题培训，有效统一专项管理工作口径。四川涉藏地区采取了由四川省移民管理机构统一组织、专题培训的形式，关注新形势、理解新政策等，有效解决了各专项管理工作内容差异大、口径不统一的问题。

4.2.7.2　移民生产技能培训

1. 主要政策规定

《大中型水利水电工程建设征地补偿和移民安置条例》（国务院令第679号）第四十五条规定"各级人民政府及其有关部门应当加强对移民的科学文化知识和实用技术的培训，加强法制宣传教育，提高移民素质，增强移民就业能力"。《四川省大中型水利水电工程移民工作条例》（四川省第十二届人民代表大会常务委员会公告第70号）规定"地方各级人民政府应当加强对移民在社会关系重建、文化习俗、生产生活、卫生教育等方面的人文关怀，开展对移民生产和就业技能的培训，引导和帮助移民尽快融入安置区当地社会"。出于保障移民生产技能培训资金的需要，《四川省扶贫和移民工作局关于印发〈四川省大中型水利水电工程移民资金管理办法〉的通知》规定"技术培训费包括移民生产技能培训费和移民干部培训费，60％用于移民生产技能培训，40％用于移民干部培训"，并明确"技术培训费用于购置培训设施设备和教学用品、编印培训教材、召开培训会、聘请教师、考察学习、培训机构工作经费等支出""生产技能培训费由县（市、区）移民管理机构管理使用"。

2. 面临困境

（1）后备土地资源紧缺，农业生产技能培训受限。移民搬迁意味着生产生活环境的改变、社会关系的重建，为了确保移民适应新的生产、生活环境，实现"搬得出、稳得住、能发展、可致富"的目标，对移民进行生产技能培训是必不可少的措施，受到国家层面及各级地方人民政府高度重视。四川涉藏地区移民安置主要以本土农业安置为主，开展农业技能的培训是有效的增收措施。但四川涉藏地区土地资源本身较少，淹没前人均土地1～2亩，蓄水后土地资源进一步减少，单纯培训农业生产技能对移民增收的效果有限。

（2）二三产业针对性不强，劳动力转移受限。从事二三产业同样是移民增收的有效措施，各级电站均开展了相关培训。但存在培训内容针对性不强，以及在四川涉藏地区就业渠道窄、必须远离家乡进入大城市才能就业的情况，部分四川涉藏地区移民对大城市生活并不习惯，导致劳动力转移在一定程度受限。

3. 实践情况

（1）邀请农业、种养殖业培训。四川涉藏地区水电移民主要对象是农村居民，收入来源主要为种养殖业及林业资源。针对移民群体的特点，大多数水电站开展了农业生产实用技术的培训，主要方式为邀请农业研究机构，进入四川涉藏地区实地开展培训工作。培训方向主要为经济果木、菌类种植以及畜禽养殖。

（2）搭接院校技能培训。四川涉藏地区已有雅砻江流域两河口、大渡河流域双江口等多个电站采取了逐年货币安置，结合部分移民采取了自主安置等多种安置途径，安置后的农村移民家庭户有部分劳动力由原来的农业生产中解放出来。为提高该部分人口收入，同时避免其成为社会闲散人员，大部分已安置移民的水电站涉及县（市）开展了二三产业培训工作，增加了移民外出打工以及从事二三产业劳动等能力。相关培训工作主要由县（市）地方人民政府组织，将满足条件的年轻移民送到相关技能培训学校进行学习，包括电工、焊工、烹饪、挖掘机等。如大渡河流域猴子岩等水电站，结合电站工程建设用工需求，针对性开展培训，培训合格人员可参加电站工程建设。

（3）一二三产业融合培训。针对传统农业技能培训对移民增收有限，二三产业培训后缺乏就业渠道的问题，部分县（市）采取了农业技能培训与二三产业培训相衔接的模式。农业技能培训结合四川涉藏地区旅游资源丰富的特点，将移民农业技能培训与当地特色产业相结合，通过技能培训引导农业安置区走向规模化、集约化，开发本地特色农产品的农村产业发展道路。二三产业技能培训与当地产业发展规划相衔接，通过运输、旅游、社会服务生产技能培训，促进当地农村特色产业发展。

案例 4.34

四川省甘孜州泸定县移民生产技能培训

四川省甘孜州泸定县地处涉藏地区、山区、边远地区、生态环境脆弱区"四区相融"的高山峡谷地带，土地资源宝贵，耕地占比少，而大渡河流域泸定水电站、大岗山水电站、硬梁包水电站淹没区绝大部分为该县土地肥沃的河谷地带，移民人口数量超过全县总人口的 10%，全县约 8900 名移民只有约 9% 的移民可以获得土地，90% 的移民选择货币化安置。

（1）精准发力，移民培训助力增收。

一是高度重视移民培训工作。按照"州、县权责分离"原则，移民、人社、妇联等多部门整合资源，联合发力，围绕产业发展、乡村振兴、文化旅游三个课题，以专题讲座为主、现场教学为辅，结合座谈研讨，采用授课式、研究式、案例式与参与式等相结合的方式开展大中型电站水电移民培训。

二是认真组织实施培训，加强教学班的日常管理。按照"科学、合理、实用、实效"的原则，认真选聘政策性强、理论水平高、业务知识过硬、群众信赖的人员为教师，并根据培训内容合理选用了教材。在培训中，严格按照教学计划进行教学，加强教学班的日常管理，县局和培训学校还配备了两名专职工作人员全程跟班，并制定了相应的学习制度、考勤制度、考试（考核）制度等，确保了培训班的正常运转。

三是精心开展培训，确保培训质量。按照"突出重点，兼顾全局"的原则，在开展移民安置工作的同时采取"外出考察＋技能培训＋政府引导"形式，组织有较强发展意愿、发展能力移民群众到雅安市、蒲江县、郫都区等成都周边地区考察乡村旅游和农特产品加工，进一步转变移民群众发展观念，开阔眼界。增强移民群众发展内生动力，培育致富产业，拓展移民群众增收空间和领域，完善移民安置点功能，移民群众基本实现安居乐业，持续增收，提升了发展信心。

（2）高度聚焦后期扶持，多点发力、促进发展。截至 2023 年，完成技术培训和劳动力转移培训上千人，为库区移民推进产业发展融合乡村振兴，开展创业就业提供了新门路、拓宽了新思路。通过培训，转变移民群众发展观念，引导成立了沫水乡居民宿接待协会等集体合作社，指导移民群众到其他乡镇流转土地，鼓励创新创业，推动后扶发展。积极搭建创业平台，增强移民创业动力，以创业育产业，以创业带就业，通过深入细致的群众工作，引导组建了烹坝沫水乡居、祥云两个民宿协会、沙湾乡情仙人掌种植合作社、泸桥镇咱里旅游民宿公司，206 户移民群众办理了民宿经营执照，11 家餐饮企业开张营业。积极搭建乡村旅游平台，成功举办了首届高原苹果节，在成都、长沙的 6 条地铁线路开辟了平面宣传专栏，与四川电视四台、甘孜州电视台、四川交通广播电台、康巴传媒等多个媒体合作通过开辟专栏、专题采访等形式多渠道提升泸定乡村旅游、康养旅游知名度和高原苹果节影响力。苹果节期间，举办文艺汇演、乡村坝坝宴、农特产品展销等活动，吸引接待游客 3600 余人次，移民群众户均增收 1000 元以上。积极争取州妇联"指尖藏花——藏绣"妇女居家灵活就业项目落地泸定，在移民库区率先开展绣娘培训，培训绣娘 200 余名，邀请藏绣国家级传承人杨华珍老师亲临指导，积极引导筹建藏绣合作社，开展产品设计和营销准备。

4. 实践效果

（1）移民群众劳动技能水平和就业能力逐步提高。四川涉藏地区涉及的甘孜、阿坝两州土地面积均较大，各县人均土地面积大，但耕（园）地所占比例均很小，且后备资源匮乏。受世代生活环境、习俗影响，四川涉藏地区移民大都采取本县安置，由于蓄水后土地资源减少，提高移民收入、保持可持续发展是四川涉藏地区移民安置面临的巨大挑战。为实现"搬得出、稳得住、能发展、可致富"的安置目标，四川涉藏地区移民安置除投资大量资金改善当地基础设施外，还高度重视移民技能的培训。各地建立了当地人民政府统一领导、统筹协调县级移民管理机构、人力资源和社会保障等部门，精准发力、密切配合，乡镇及村委会积极组织移民群众参与的工作机制，开展了大量的农业生产技能培训以及二三产业培训，使移民群众逐步掌握了多种实用技术本领，一定程度提高了移民的收入。

（2）技能培训与地方发展规划相衔接高。单纯的农业生产技能培训及二三产业培训存在着一定的局限性，如农业生产技能受限于耕地面积少，增收能力有限；二三产业培训面临着就业渠道窄、四川涉藏地区移民不愿外出打工、培训效果得不到体现的问题。以甘孜州大渡河流域泸定水电站为代表，通过技能培训引导农业安置区走向规模化、集约化，农业技能培训立足于发展当地特色种、养殖业，二三产业培训与当地旅游观光等特色产业衔接，促进了一二三产业融合发展，推进了农旅结合，与乡村振兴战略规划高度衔接，对实现移民后续可持续发展具有较好的借鉴意义。

4.2.8 移民工程验收与移交

《中华人民共和国民法典》第七百九十九条规定："建设工程竣工后，发包人应当根据施工图纸及说明书、国家颁发的施工验收规范和质量检验标准及时进行验收。验收合格的，发包人应当按照约定支付价款，并接收该建设工程。"对于移民工程的验收与移交程序也是必不可少，行业标准和电站规划设计标准的统一衔接融洽，满足相应要求是本书针对移民工程验收与移交问题的新探索。

4.2.8.1　相关行业验收移交规定

（1）水利行业。水利部《水利工程建设项目验收管理规定》（水利部令第 30 号，2017 年修正）第三十条规定，"工程具备竣工验收条件的，项目法人应当提出竣工验收申请，经法人验收监督管理机关审查后报竣工验收主持单位。竣工验收主持单位应当自收到竣工验收申请之日起 20 个工作日内决定是否同意进行竣工验收"；第四十条规定，"项目法人与工程运行管理单位不同的，工程通过竣工验收后，应当及时办理移交手续"。

（2）市政行业。住房和城乡建设部《房屋建筑和市政基础设施工程竣工验收规定》（建质〔2013〕171 号）第六条规定，"建设单位组织工程竣工验收"；第七条规定，"工程竣工验收合格后，建设单位应当及时提出工程竣工验收报告。工程竣工验收报告主要包括工程概况，建设单位执行基本建设程序情况，对工程勘察、设计、施工、监理等方面的评价，工程竣工验收时间、程序、内容和组织形式，工程竣工验收意见等内容"。

（3）交通行业。交通运输部《公路工程竣（交）工验收办法》（交通部令 2004 年第 3 号）第十七条规定，"公路工程符合竣工验收条件后，项目法人应按照项目管理权限及时向交通主管部门申请验收。交通主管部门应当自收到申请之日起 30 日内，对申请人递交的材料进行审查，对于不符合竣工验收条件的，应当及时退回并告知理由；对于符合验收条件的，应自收到申请文件之日起 3 个月内组织竣工验收"。

（4）电力行业。电力行业国家层面无相关验收及移交具体规定，根据国家电网公司等规定，电力工程验收及移交程序基本与其他行业一致：即符合竣工验收条件后，项目法人按照项目管理权限及时向电力主管部门申请验收，验收合格后移交电力行业主管部门。

4.2.8.2　面临困境

移民工程涉及行业多，工程类型种类复杂、涉及规定要求较多，实际接收人可能为行业主管部门、权属单位、村组等，相应情况较为复杂，实际验收移交工作存在困难。

（1）缺少统一协调机制。相应职能和制度及程序没有相对统一的规定动作，实施过程中主要凭各自理解执行，面对实施中出现的问题，相关管理机构没有统一的协调机制。

（2）行业标准不一致。不同类型移民工程涉及的行业标准要求不一致，导致不同类型工程在实施时按照电站规划设计的批复标准与行业之间存在衔接问题，实施的相应基础要件不够完善，加之项目建设工期紧、任务重，影响因素众多，缺乏沟通协调机制。

（3）建设要件办理难度大。各行业对项目法人、建设单位的要求和职责要求不统一、不明确，在办理要件、基础准入手续等方面，存在障碍较多、办理难度较大等问题。

（4）后期维护费用落实难。部分移民工程项目建成后，因后期维护费用、运维机构等事宜未明确和落实，如污水处理站、外部引水线路、净水厂、垃圾填埋场等，用户、行业部门及运维单位对上述项目的运行费用出处的争议较大，导致难以移交，频繁出现运维风险等问题。

4.2.8.3 实践情况

水电项目移民工程建设管理具有建设主体多、专业性强、外部环境复杂、投资大、建设工期长、审批主体不同且程序复杂等特点，很多移民工程往往是电站截流、蓄水等重要节点目标的控制性工程。从调研情况看，少量项目得以成功验收移交主要是做好了设计、资金、管理三方面的统筹工作，具体做法如下。

（1）统筹建设项目做好规划衔接、资金整合、建设管理。一是从前期规划设计开始，由电站主体设计单位自行规划设计或委托行业主管部门认可的专项工程设计单位开展工程迁建设计，充分征求地方行业主管部门意见，将省级行业主管部门审批后的设计成果纳入移民安置规划；二是在前期规划或实施过程中，电站项目法人秉承"建设一座电站，带动一方经济，改善一片环境，造福一方百姓"的水电开发理念，充分考虑地方财政资金困难，对于脱贫攻坚或行业要求提高建设规模和标准的项目，适当分摊提高标准部分的建设投资，地方人民政府统筹移民资金和地方自筹资金进行建设；三是移民工程地方行业管理部门和质量监督部门全过程参与，共同做好现场协调和建设管理工作，并加强施工质量全过程监督管理，对建设单位纳入行业信用等级评级平台考核，为验收移交奠定了工作基础。

案例 4.35

金沙江流域苏洼龙水电站库区 G215 复建公路工程

苏洼龙水电站库区 G215 复建公路充分发挥了水电项目法人在水电工程施工组织策划管理及综合协调等方面的技术管理优势，借鉴公路行业建设管理的先进经验，积极做好央企社会责任担当与地方脱贫攻坚的有机结合、企业组织管理与地方政府管理协作的强强联合、水电项目设计与公路行业设计成果的有机结合、水电项目施工招标与地方公路行业招标管理的有机结合、水电项目建设管理与公路行业专业优势的科学结合、设计变更管理与投资管控的有效结合、质量管控与地方政府全过程监督的有机结合，克服了工期紧、任务重、高原施工组织效率低、进度管控难度大，地质条件复杂、投资控制压力大，代建公路建设管理不规范、验收移交困难，地方财政紧张、配套资金落实难度大等困难，严格执行公路行业及地方监督管理制度，实行行业化、专业化、精细化管理，充分发挥公路行业考核机制的约束效应，取得了工程建设进度超前、安全可靠、质量优良、投资节约的良好效果，开创了地方政府、移民群众、水电项目法人几方共赢的良好局面。水电项目移民复建公路工程实际工期较批复工期提前 6 个月，实际投资较施工图预算节约 1.08 亿元，争取落实地方配套资金 2.96 亿元，甘孜州以综合评分 95.2 分通过交工验收，成为甘孜州首条通过交工验收的水电项目移民复建公路工程，被评价为甘孜州水电项目移民复建公路的"样板工程"。

（2）代建项目做好事前谋划、事中联动、事后配合。一是启动工程建设前，充分作好谋划：一方面代建单位做好与工程设计之间的沟通，充分了解设计意图，做到了然于心，并与现场实际情况进行比对，以便与设计单位沟通进行适当调整；另一方面积极与地方政府和职能部门做好沟通衔接和汇报工作，落实建设计划、实施组织计划、人力材料需求、组织机构和职责分工、协调沟通模式等内容，同时积极协调、配合地方政府组织开展工程所在乡、村两级政策、成果宣贯，认真听取乡、村两级意见，营造良好的建设氛围。二是项目建设过程中，代建单位在县级地方政府领导下，充分参与乡村两级沟通交流，以切实解决移民实际困难为导向，充分做好与地方政府、项目法人、综合设代、综合监理、设计单位、工程监理等相关各方的沟通衔接工作，确保工程建设进度顺畅；同时积极邀请行业主管部门、职能部门、电站项目法人、涉及乡村及移民代表进行全过程监督指导，及时解决施工过程中出现的问题，确保依法依规、高质量、高标准完成工程建设内容。三是工程建设完成后，代建单位高效提出验收移交申请和相关汇编资料，在县级地方政府的领导和协调下，积极衔接相关方开展竣工验收，并根据验收整改意见快速、高质量地完成整改等配合工作。

大渡河流域长河坝、黄金坪水电站康定市
居民点市政工程

四川省甘孜州康定市人民政府自 2019 年 11 月，根据项目的审批情况，逐步开展康定市境内大渡河流域野坝、泥洛河坝等 5 个安置点市政基础设施工程建设，通过扎实的事前谋划、充分的事中沟通联动、高效的事后配合，5 个安置点市政基础设施工程建设在其间穿插移民房屋建设工程施工的情况下，自 2019 年 11 月至 2021 年 12 月陆续全部完成验收及移交工作，得到地方政府和移民的好评。

安置点市政基础设施启动工程建设前，一方面代建单位组织监理单位、施工单位认真消化图纸，然后带着问题，组织设计单位、监理单位、施工单位开展现场综合踏勘工作，就图纸与现场进行认真比对，就设计意图、图纸是否需要作细部微调、补充等优化工作进行充分沟通，为项目施工作好坚实基础；另一方面根据康定市委、市政府相关节点要求，代建单位倒排工期、顺排工序，作好资源配套的统筹安排，并在康定市水电开发与移民工作指挥部的领导下，分利用自己在水电移民行业中知政策、懂规范、熟管理的技术优势，积极配合开展政策、成果宣贯，让移民知晓规划理念、建设内容及相关功能，获得移民理解，为项目实施营造良好氛围。

安置点市政基础设施建设工程中，代建单位在康定市水电开发与移民工作指挥部的领导下，及时邀请行业主管部门、相关职能部门、电站项目法人、涉及乡镇及移民代表进行全过程监督指导，同时考虑地方政府和移民意愿，在充分做好与地方政府项目法人、移民综合设计、移民综合监理、工程设计、工程监理的沟通衔接工作基础上，适当对部分市政工程内容进行调整优化，如安置点市政基础设施将普通电表调整为智能电表、适当增加雨水沟以打消乡、村两级对安置点排水能力不足的忧虑等，以上措施在变更较小的情况下，满足了行业部门的要求和移民生产生活需要，有力地推进了项目实施。

安置点市政基础设施建设完工后，代建单位整理汇编工程档案资料，及时向康定市水电和移民工作指挥部提交竣工验收申请，在康定市水电和移民工作指挥部的领导和协调下，积极衔接相关行业行政主管部门参加验收工作，通过整体验收后，针对验收中的相关质量瑕疵及时、高效地完成整改工作，结合移民房屋的验收，一并移交至移民村组。

（3）权属单位自建项目做好边界限定。经调研了解，大渡河、金沙江流域通信、电力项目以及雅砻江两河口水电站寺院市政基础设施等项目采取权属单位自建模式实施，由地方政府牵头与权属单位签订迁建协议，协议明确项目建设资金按照移民规划的工程（变更）设计概算进行资金控制，项目建设范围、标准、质量、功能不能低于移民规划的工程设计（变更）成果要求，由权属单位自行按照行业规定完成验收移交、负责后期运行等边界条件限定内容。

案例 4.37

大渡河流域猴子岩水电站丹巴县电力复建工程

四川省甘孜州丹巴县电力复建工程由权属单位丹巴县电力公司自建，基于农村移民安置总体方案调整、物价水平上涨、电力行业规范调整等方面原因，权属单位提出了变更设计，2016 年 5 月履行完成变更设计审批流程，随即原丹巴县扶贫开发局与电力公司签订了迁建协议，明确项目建设资金按照变更设计概算（不含预备费）进行包干使用、复建工程供电范围需保障调整后的格宗安置点及库周居民用电需求等内容，权属单位仅用时 3 个月即完成了工程建设，期间未提出任何协调事宜，确保了电站 2016 年 10 月实现了下闸蓄水目标，权属单位已于 2017 年提交验收成果。

案例 4.38

雅砻江流域两河口水电站寺院场平基础设施工程

两河口水电站寺院场平及基础设施工程涉及 4 座寺院自主建设，2015 年，道孚县原扶贫开发局与 4 座寺院分别签订了迁建协议，明确了项目建设资金按移民规划进行包干使用，明确寺院建设需确保安全、质量等内容。建设过程中，寺院按照自身需求开展了场地和建筑风貌等设计，出现了场平工程建设范围超出移民规划地质灾害评估为适宜建设的用地范围的情况，移民综合设计和综合监理在现场巡视过程中发现了该安全隐患事项，立即出文予以告知，道孚县人民政府也立即与寺院方进行沟通并责令整改，随后寺院方按要求完成了整改，并于 2019 年年底完成建设，4 座寺院已于 2021 年搬迁并运行正常，相关验收资料也已提交。

4.2.8.4　实践效果

（1）多措并举，推动统筹和自建项目验收移交。从实践情况看，移民工程采取统筹建设和权属单位自建的项目，通过依法依规开展变更设计、项目法人履行社会责任进行利益共享等措施，虽然移民投资有所增加，但地方人民政府与建设单位明确对建设边界条件进行限定，实施各方共同加强现场管理后，移民工程项目建设周期相对较短、验收与移交相对容易。

（2）加强代建管理，推动代建项目验收移交。从实践情况看，代建单位管理水平不一、对代建工作的认识不一，项目验收与移交的结果也不一样。有的代建单位只注重工程建设本身的管理，不够重视与职能部门和乡村两级的沟通协调，项目建设和后期验收移交均较为困难；有的代建单位沟通协调较好，但自身工程管理水平较低、不清楚移民工程建设程序，项目建设控制、程序办理的问题较多，验收与移交也困难。只有代建管理水平较高、了解移民工作程序的代建单位，在做好事前谋划、事中联动、事后配合工作的基础上，才能推动代建项目顺利验收移交。

4.3　后续发展

4.3.1　后扶规划

4.3.1.1　主要规定

为妥善解决水库移民生产生活困难，促进库区和移民安置区经济社会可持续发展，维护农村社会稳定，2006 年 5 月，国务院批准印发了《关于完善大中型水库移民后期扶持政策的意见》（国发〔2006〕17 号），文件规定自 2006 年 7 月起，对全国大中型水库农村移民实行统一的后期扶持政策，即不分水利水电工程移民、新老水库移民、中央水库和地方水库移民，均按照每人每年 600 元的标准，连续扶持 20 年。所需资金由国家统一筹措，分省安排使用。文件也明确了后期扶持规划的总体原则、编审程序、规划范围及标准等。

2006 年 9 月颁布实施的《大中型水利水电工程建设征地补偿和移民安置条例》（国务院令第 471 号），明确指出国家实行开发性移民方针，采取前期补偿、补助与后期扶持相结合的办法，使移民生活达到或者超过原有水平。移民后期扶持工作作为大中型水利水电工程建设征地补偿和移民安置重要阶段和组成部分，截至 2023 年已实施了 17 年。

移民后期扶持工作主要包括后期扶持人口核定、后期扶持规划编审、后期扶持资金直发直补和项目实施、项目验收及实施效果评测。后期扶持主要采取直补到人、项目扶持以及两者相结合的扶持方式。

（1）直补到人方式。后期扶持规划需在项目移民后期扶持人口锁定后，按照相关规定兑现到个人账户，移民后期扶持兑现人口核定登记工作坚持公开、公平、公正、透明、实事求是的原则，县级人民政府对移民后期扶持兑现人口登记、核定、确认的真实性、准确性负责。

（2）项目扶持方式。根据审核的移民后期扶持人口，由县级移民主管部门按要求对移民及安置区民生工程、产业等进行调研和摸底，并充分与乡（镇）人民政府沟通，制定移民后期扶持五年规划，根据上级移民主管部门下达的移民后期扶持项目及资金计划，组织开展项目实施。项目实施完毕后，由县级移民主管部门会同相关职能部门对项目进行验收，验收通过后及时拨付相关项目资金。扶持项目用以解决库区和移民安置区基础设施薄弱的突出问题，加强库区和移民安置区基础设施建设和生态环境建设，改善移民生产生活条件，促进经济发展，增加移民收入，使移民生产生活水平不断提高，逐步达到当地农村平均水平。

4.3.1.2　实践情况

四川省严格贯彻落实《关于完善大中型水库移民后期扶持政策的意见》（国发〔2006〕17号）和《四川省大中型水利水电工程移民工作条例》（四川省第十二届人民代表大会常务委员会公告第70号），加强移民后期扶持政策实施管理水平和质量，推动全省移民区和移民安置区经济社会快速发展。四川涉藏地区充分利用后期扶持资金，在如何让移民群众搬得出、稳得住、能发展、可致富方面做文章、谋发展，取得了一定的成绩和效果。

1. 四川省甘孜州

四川省甘孜州后期扶持"十三五"规划包括直发直补、避险解困、移民增收、美丽家园建设等4个大类，总投资21241.70万元，其中直发直补1096.80万元、移民避险解困规划80.75万元、移民增收规划8384.36万元、美丽家园建设规划11679.79万元，分别占总投资的5.16%、0.38%、39.47%、54.99%。分项目扶持规划情况如下。

（1）直发直补规划发放直补人数15100人，2016—2020年共规划发放直补资金1096.80万元。

（2）避险解困规划避险解困规划涉及康定、九龙2县3个乡5个村7个组。规划采取移民自主安置方式，全部进中心村安置，按居住房25m²/人的标准，共新建475m²，规划总投资80.75万元，其中：政府性资金66.5万元，其他资金14.25万元。解决了10户19人的居住不安全和生活困难问题，受益总人口 19 人。

（3）移民增收规划中：基本口粮田和农田水利设施规划总投资1150.50 万元，受益人口 6412 人次，其中移民 2635 人次；生产开发规划总投资 6946.23 万元，受益人口 37950 人次，其中移民 14638 人次；培训规划总投资 287.64 万元，受益人口 4253 人次，其中移民 3025 人次。

（4）美丽家园建设规划人居环境改善规划总投资 619 万元，受益人口17533 人次，其中移民 2818 人次；基础设施规划总投资 9745.01 万元，受益人口 34933 人次，其中移民 7960 人次；社会事业规划总投资 1033.29 万元，受益人口 17697 人次，其中移民 5060 人次；生态及环境保护规划总投资 282.50 万元，受益人口 6920 人次，其中移民 1329 人次。

根据《四川省甘孜州 2020 年大中型水库移民后期扶持政策实施情况监测评估报告》，通过后期扶持项目的实施，受益移民达 10090 人次。后期扶持规划项目的逐步实施，使得库区和安置区农民的生产生活条件得到了改善，收入有了较大增长，移民安置区基础设施明显改善。甘孜州后扶项目涉及道路交通等基础设施建设项目、农田水利设施建设、基本口粮田建设，2019 年，四川省甘孜州共完成后期扶持项目 25 个，拨付 1559.37 万元，生产开发 6 个养殖项目，整治维修和硬化道路 27.55km，共受益移民 7209人次。

2. 四川省阿坝州

2019 年度，四川省阿坝州后期扶持规划计划资金 2013.87 万元，其中直发直补资金 685.19 万元，项目扶持资金 1328.68 万元，计划项目 30 个。共拨付资金 1798.03 万元，占计划资金 89.28%；完成项目 28 个，占计划93.33%。根据《四川省阿坝州 2020 年大中型水库移民后期扶持政策实施情况监测评估报告》，项目的实施在一定程度上解决了移民村组的困难，库区和移民安置区基础设施条件明显得到改善，社会事业基础设施项目的实施丰富了移民的文化生活，产业扶持项目的实施为移民持续增收奠定了基础。

案例 4.39

甘孜州康定市章古山观光农业项目情况及效果

章古山为大渡河流域黄金坪水电站规划的集中生产安置区，章古山安置区地处姑咱镇下游约 5km，大渡河右岸，海拔高程为 1415.00 ～

1860.00m，南北长约 2000m，东西宽约 950m。居民点位于章古山脚下，居民点外部有 S211 公路从旁边穿过，居民点至生产区有一条通村公路相连。该区域土地现状主要为耕（园）地和荒草地。规划生产安置 569 人，开发利用耕（园）地 654.3 亩。

为改善安置区生产条件，增强吸引力，在土地开发整理基础上，规划在章古山安置区设置景观设施，发展农业旅游、采摘，规划章古山生产与景观相结合，在耕（园）地生产开发之外，规划在章古山设立餐饮娱乐区 1 处、休闲游憩区 3 处、农家度假区 1 处，吸引外地游客到章古山休闲旅游，移民可在上述区域从事特种农业服务经营工作，增加收入。特种农业开发主要配置场地平整和基础设施水、电、路等，其余地上建筑物等由移民或地方政府自行建设、发展和管理。

章古山土地开发整理工程于 2017 年年底建设完成，2018 年 5 月，甘孜州康定市政府遵照中共中央、国务院、农业部关于深入推进农业供给侧结构性改革的政策要求，涉及村组将开发整理的土地全部流转给三祥农牧科技有限责任公司，拟对移民安置土地进行农旅一体化产业综合经营打造。项目计划总投资 1.7 亿元，规划为五个基地建设（农业种植高科技示范基地、中药材高产高效示范基地、休闲观光农业示范基地、康养旅游基地、农产品加工示范基地）。

该项目的打造实现了大渡河流域的"果、菌、药"产业核心功能，示范和代表甘孜州大部分干热河谷流域现代农业产业形态，从而极大地带动州内农业产业及周边经济发展。自 2018 年 5 月以来，康定市政府移民安置资金投入 1.2 亿元，甘孜州三祥农牧科技有限责任公司累计投入资金 5400 万元，对章古河坝移民安置土地进行升级改造：建设网围栏 20000 余米；土壤改良 600 余亩；水肥一体化设施建设全覆盖；大棚建设及升级 287 个；引进国内外优质品种 20 余个；建设"农耕文化博物馆"及"农产品饮食体验中心""农产品加工车间"4000 余平方米，同时发放土地流转金 250 余万元；为该地区提供 200 余个工作岗位；发放务工工资 728.76 万元；充分发挥了该园区的示范带动功能，为大渡河流域农业产业发展探索出了一些可供学习和借鉴的经验。

截至 2023 年已完成第一、二阶段工作。第一阶段（2018 年 5 月至 2020 年 5 月）：目标主要是完成土地改造、项目具体施工设计、环评、灾评工作，以及温室大棚的设计与建造，设备的安装与调试，园区内供排水管网的铺设，道路的修建，场地的平整，引水工程的建设，食用菌及部分果树的移栽及选育、中药材种植等。第二阶段（2020 年 5 月至 2022 年 5

月）：在上述基础设施建设完成后，主要进行果蔬林木药材种植区的土壤改良，果蔬林木药材品种的引进与种植、培育，优良景观果树的种植与移植，种植技术的学习与人员培训等。同时完成生产厂区的基本建设，实现初级农产品加工能力 300t/年。

因该地区出产产品品质优良（羊肚菌氨基酸、谷氨酸含量为平原地区的 4 倍以上，水果甜度达到 20% 以上），供不应求，公司与全国多个市场大型批发商、经销商达成长期采购协议，实现年销售收入：羊肚菌 100 万元/年，特色水果 60 万元/年。农牧公司也获得了甘孜州州级龙头企业以及四川省省级扶贫龙头企业的称号。

4.3.1.3 实践效果

从调研情况看，四川涉藏地区的后期扶持工作从前期规划、项目实施和资金管理等均有完善的体系和规定，保障了大中型水利水电工程移民后期扶持工作的有序推进。后期扶持项目提高了农业的基础条件和综合生产能力，移民收入较快增长，村容村貌逐步改观，社会事业全面推进，广大四川涉藏地区移民群众普受实惠，促进了库区和移民安置区经济社会和谐稳定。但由于部分项目是跨年项目或多年投入项目，在项目工程建设实施完毕并验收通过后，对项目的持续跟进有所欠缺，如经济作物种植产业扶持，往往需多年后才能产生效益，而这期间需要长期的配套措施，如技术指导、销路建立、品牌打造等，但往往在工程建设完毕后有关单位疏于管理和持续投入，导致项目难以达到预期效果。

4.3.2 劳动力转移及移民就业

4.3.2.1 面临困境

（1）移民自身职业技能相对较差。四川涉藏地区水电项目地处横断山脉区域，属于高山峡谷地区，传统水电移民采取的有土安置为主的安置方式面临巨大难度，需采取传统有土安置、自谋职业、自谋出路以及逐年货币补偿等多种方式，多渠道安置移民。由于四川涉藏地区特殊的人文特点，四川涉藏地区移民自身职业技能相对较差，移民劳动力转移及就业困难。

（2）经济发展滞后，就业渠道狭窄。由于四川涉藏地区地理条件特殊，基础设施不完善，经济发展缓慢，属于经济欠发达地区，大公司、大企业少，就业渠道狭窄。

4.3.2.2 实践情况

传统有土安置的方式安置移民在四川涉藏地区十分困难，四川涉藏地区水电站工程移民大部分移民采取逐年货币补偿或自谋职业、自谋出路等无土方式进行安置，存在大量劳动力转移需求，为保障社会稳定，部分项目已采取一些好的措施，成功转移劳动力到二三产业。

（1）加强职业技能培训。根据四川涉藏地区移民自身特点，结合当地自然经济社会条件，四川涉藏地区移民所在县需多渠道、多方式定期、分批次组织移民参加种植业、养殖业、劳动技能、服务行业等技能技术培训，提升移民生产技能，适应不同工种需求，拓宽就业渠道及增收门路。

（2）多渠道整合资金，发展第三产业。部分县（市），结合后扶规划，利用四川涉藏地区旅游资源丰富的特点，多渠道整合扶贫、乡村振兴、水利、交通等资金，对安置点实施提档升级，完善基础设施，为移民群众发展餐饮、旅游接待等第三产业奠定基础，创造了就业机会。

（3）加强政府引导，拓展移民就业渠道。四川涉藏地区基础设施较差，经济发展相对滞后，属于经济欠发达地区，大公司、大企业少，传统就业渠道狭窄。部分县（市）出台相关优惠政策，通过协警招警、水电企业招聘、环卫、工勤、物业等政府公益性岗位录用向水电移民倾斜，同等条件优先录用，尽最大努力拓展了移民就业渠道，帮助移民群众安居乐业。

案例 4.40

甘孜州泸定县移民劳动力转移和就业

大渡河流域自北向南纵贯泸定全境 70 余千米，其干流规划调整推荐22 级方案涵盖甘孜州泸定水电站、硬梁包水电站、大岗山水电站"三大电站"，总装机容量 463.6 万 kW。泸定水电站是甘孜州大型电站水电开发最早、移民人数最多、实施时间最长、遗留问题最棘手、情况最复杂的库区。泸定县地处四川涉藏地区、山区、边远地区、生态环境脆弱区"四区相融"的高山峡谷地带，土地资源宝贵，耕地占比少，而三大电站淹没区绝大部分为土地肥沃的河谷富庶地带，移民人口数量超过全县总人口的 10%。土地资源有限，生产移民只有约 9% 移民可以获得土地，90% 的移民选择无土安置。库区移民为支持电站建设，忍痛出让家园和赖以生存的土地，多年的水电移民导致群众固有的生产生活方式发生了重大变化，在发展上失去了资源，致富上减少了渠道。

泸定县牢固树立"移民群众既要享受移民特惠政策、又要享受普惠政策"的理念，心系移民群众最现实、最紧迫的呼声需求，坚持倾力倾智、多措并举。一方面出台优惠政策，倾斜回报移民。县委、县政府及时研究出台优惠政策，通过协警招警、水电企业公益性岗位录用、政务中心开辟"绿色通道"等措施，尽最大努力帮助移民群众安居乐业，大力促进了劳动力转移。精准发力，移民培训助力增收。高度重视移民培训工作，按照"州、县权责分离"原则，围绕产业发展、乡村振兴、文化旅游三个课题，以专题讲座为主、现场教学为辅，结合座谈研讨，采用授课式、研究式、案例式与参与式等相结合的方式积极组织开展"技能培训＋外出考察"，进一步转变移民群众发展观念。截至2022年，完成技术培训和劳动力转移培训3000余人，为库区移民推进产业发展融合乡村振兴，开展创业就业提供了新门路、拓宽了新思路。据初步统计，通过培训的移民群众户均增收500元以上。

下一步，泸定县将进一步把移民安置、后期扶持与旅游全域化、新型城镇化、农业现代化有机结合。一是全力打造贡嘎东湖、海螺镜湖"两大湿地公园"和G318景观旅游。二是提档升级，完善基础设施，启动建设大岗山电站库区农旅结合规模农业基地示范点、泸定水电站库区乡村旅游民宿发展示范点、新城移民安置点新型社区创业、就业培训示范点，推动金丝皇菊、佛手柑、藏绣等产业化生产；实施泸桥镇"长河云端·海子山居"、天路第一村伞岗坪高原菊花种植基地、烹坝骑游小镇、得妥镇安置点移民新村等项目。三是积极开展移民技能培训，积极开展移民技能培训，结合移民文化程度、年龄、需求等，精准实施民宿接待、餐饮烹饪等针对性培训，开阔移民群众眼界、提升技能，提升移民就业能力。扶持移民群众就业创业，引导一三产业融合，推进农旅结合。

4.3.2.3 实践效果

（1）加强职业技能培训，移民劳动力转移明显。结合四川涉藏地区特殊的地理条件和人文特点，甘孜州、阿坝州通过"请进来、送出去"的方式，加强了移民职业技能培训，大量移民，特别是年轻移民已从传统的放牧、种植方式，转移到从事餐饮、民宿、观光农业种植、蔬菜大棚种植、驾驶、电（焊）工等行业工作，四川涉藏地区水电移民户从事二三产业的人数远高于当地非移民户，劳动力转移明显。

（2）企地共谋，移民就业渠道广阔。从实践情况看，四川省甘孜州、阿坝州通过引导特色农业产业入驻、完善旅游环线基础设施、公益性岗位录用向水电移民倾斜等措施，以及各水电开发项目法人通过建设蔬菜补给基地、鼓励集体经济组织组建运输团队参与市场竞争、优先录用经推荐的移民参加后勤工作等措施，丰富了移民就地、就近就业渠道。大量移民通过职业技能培训，外出务工，在多种行业就业，收入稳定。总体来看，四川涉藏地区水电移民就业渠道较其搬迁前更为广阔，生活质量更高。

第 5 章

移民安置工作启示

5.1 体制机制建设

（1）创新了"四个优先""四个一些"的移民工作理念。近年来，四川涉藏地区移民安置工作坚持"四个优先"工作理念和"四个一些"衡量标准，顺利推进了移民工作。一是依法优先，建立移民工作法治化的新常态，实现移民依法搬迁，地方政府和各级各部门依法管理，项目法人依法参与，设计单位、监理单位、建设单位等相关部门依法工作；二是农村优先，采取有效措施积极支持库区和移民安置区的基础设施、社会公益事业、产业发展、移民能力建设项目；三是生命优先，对涉及移民生命财产安全的问题优先处理，例如优先审核了锦屏一级电站蓄水新增滑坡塌岸影响区移民安置规划报告并及时拨付相应资金，保障移民群众的生命财产安全；四是小项优先，首先把小的项目、简单的项目研究解决好，再集中力量、集中攻坚那些大的项目、复杂的项目。同时，按照"一些长久难事必须果断解决、一些蓄水项目必须竣工验收、一些遗留问题必须直接面对、一些'僵尸'项目必须定期通报"的"四个一些"要求执行，推进移民安置工作。

（2）构建了"2＋3＋12"移民管理政策体系。为顺应移民工作新形势、新要求，按照规范性文件管理规定，并结合"废改立"的工作要求，四川省从水库移民工作"三个阶段、六个环节"入手（"三个阶段"指前期规划、安置实施、后续发展，"六个环节"指实物调查、规划编制、协议签订、搬迁实施、建设管理、跟踪服务），集中对四川省移民政策进行了系统

149

梳理、分阶段、分环节建起了最核心、最必要的政策清单，形成了全省水库移民工作"以 2 个移民条例为纲领，3 个阶段管理办法为基础，12 个政策文件为抓手"的主要管理政策框架体系，即《大中型水利水电工程建设征地补偿和移民安置条例》（国务院令第 679 号）、《四川省大中型水利水电工程移民工作条例》（四川省第十二届人民代表大会常务委员会公告第 70 号）2 个条例，《四川省大中型水利水电工程建设征地移民安置规划工作管理办法》（川水行规〔2023〕3 号）、《四川省扶贫和移民工作局关于印发〈四川省大型水利水电工程移民安置实施阶段设计和监督评估委托工作规范〉等五个工作规范的通知》（川扶贫移民发〔2014〕316 号）、《四川省扶贫和移民工作局关于印发〈四川省新建大中型水利水电工程农村移民后期扶持人口核定登记管理实施办法〉的通知》（川扶贫移民后扶〔2011〕5 号）3 个阶段管理办法，《四川省人民政府办公厅关于印发四川省大中型水利水电工程建设征地范围内禁止新增建设项目和迁入人口通告管理办法》（川办发〔2020〕11 号）、《四川省社会稳定风险评估办法》（四川省人民政府令第 313 号）、《四川省扶贫和移民工作局关于印发〈四川省大中型水利水电工程移民安置项目设计变更管理办法〉的通知》（川扶贫移民发〔2018〕167 号）、《四川省扶贫和移民工作局关于印发〈四川省大型水利水电工程移民安置综合监理工作考核办法〉的通知》（川扶贫移民发〔2013〕446 号）、《四川省扶贫和移民工作局关于印发〈四川省大型水利水电工程移民安置独立评估工作考核办法〉的通知》（川扶贫移民发〔2013〕448 号）、《四川省扶贫和移民工作局关于印发〈四川省大中型水利水电工程移民资金管理办法〉的通知》（川扶贫移民发〔2014〕259 号）、《四川省扶贫和移民工作局关于印发〈四川省大中型水利水电工程移民资金会计核算办法〉的通知》（川扶贫移民发〔2014〕325 号）、《四川省扶贫开发局关于印发〈四川省大中型水利水电工程移民安置验收管理办法（2018 年修订）的通知〉》（川扶贫发〔2018〕15 号）、《四川省扶贫和移民工作局关于印发〈四川省大中型水利水电工程征地补偿和移民安置资金内部审计管理办法〉的通知》（川扶贫移民发〔2018〕83 号）、《四川省水利厅 四川省水利水电工程移民工作办公室关于印发〈四川省大中型水利水电工程移民后期扶持项目管理办法（试行）〉的通知》（川水行规〔2023〕5 号）、《四川省财政厅 四川省水利厅关于印发〈四川省大中型水利水电工程移民后期扶持资金管理办法〉的通知》（川财农〔2022〕135 号）、《四川省扶贫和移民工作局关于印发〈四川省大中型水利水电工程移民后期扶持政策实施稽察办法〉的通知》（川扶贫移民发〔2018〕110 号）12 个政策文件，确保了地方政府、项目法人、移民群众"三个主体"和地方政府、项目法人、移民群众、移民管理机构、设监评单位"五个方面"在移民工作中责任清楚、职责明确、程序顺畅，进而推进四川省移民治理能力现代化水平不断提升。在省级层面管理政策体系的基础上，各市州明确了相应管理体系，有效推进了四川涉藏地区的移民安置工作。

（3）创新了精准化管理、清单制管理、信息化管理等工作方法。在近年来，四川省提出了精准化管理、清单制管理、规范化管理、信息化管理和常态化监管的工作方法，要求移民工作底数精准化、移民安置进度精准化、后扶移民分布精准化；形成了工作清单、任务清单、问题清单、责任清单，要求逐项落实逐项解决；按"2＋3＋12"管理办法的要求优化管理制度；建立移民安置系统、后期扶持系统、资金系统，推动信息化管理；并执行监督评估、审计稽察、专项督查等常态化全过程监管。四川涉藏地区移民安置工作执行了创新的精准化管理、清单制管理、信息化管理等工作方法，顺利推进了移民工作。

（4）建立了移民工作分级协调机制。在四川涉藏地区移民安置实施过程中创新了移民安置工作协调机制，包括流域统筹协调管理机制、分层级协调机制、定期例会制等，顺利推进了移民安置工作。从各流域项目实践情况看，地方政府基本都成立了大中型水利水电工程移民工作领导小组或指挥部，但工作效果不一，由县级主要领导担任领导小组组长或指挥长的区域，在资源保障和调动方面较为有力度，工作进度和质量更容易得到保障；项目法人方面，由总经理分管移民的项目，沟通协调力度更大，解决和处理问题的及时性更强、效果更佳。例如金沙江上游项目，国家成立金沙江上游水电开发协调领导小组，甘孜州政府成立金沙江上游水电移民工作协调办公室，县人民政府成立水电移民领导小组和水电派出所，乡村成立电站协调工作站；雅砻江项目也成立了州级领导小组，形成了州县级的协调机制，同时，创新现场实施管理模式，成立了移民领导小组，定期召开各方协调会，合署办公，密切合作，建立了场外问题场内解决的机制。

（5）创新了将移民工作纳入政府绩效考核的机制。回顾两河口移民安置工作实践，甘孜州人民政府在广泛征求各县意见的基础上于2019年正式印发的《两河口水电站蓄水阶段移民安置工作攻坚方案（2019—2020年)》，明确了两河口水电站剩余征地和移民安置工作目标和任务，将电站移民安置工作纳入州县政府绩效考核目标，促使各方形成强大合力，为剩余工作的完成和验收工作的开展提供了有计划、可操作的方案，保障了蓄水阶段移民安置实施和验收工作的顺利推进，实现了蓄水发电的阶段性目标。两河口水电站是四川涉藏地区第一个将移民安置工作目标纳入政府考核的项目,成效显著。该管理方法是保障移民安置工作节点目标顺利实现的强有力手段,建议推广使用。

5.2　移民安置方案拟定

(1)因地制宜进行多渠道、多路径生产安置。移民安置规划的顺利开展、审批以及有序实施落地,是水电工程顺利推进的前提和保障。对于气候条件相对较好、土地资源相对充裕的区域,重点研究农业安置方式,尽量使移民有地可种,通过土地改良、产业规划等,提升种植业收入,使移民生活恢复或超过原有水平。对于高山峡谷、地势较陡地区,耕(园)地资源匮乏,造地成本较高,且对生态影响较大;加之涉藏地区宗教文化氛围浓厚,教派复杂且相互之间有一定的排他性,耕(园)地资源调剂十分困难,采用农业安置适宜性不强。为妥善安置移民,应因地制宜地进行多渠道、多路径生产安置。2012 年,逐年货币补偿安置在毛尔盖水电站率先试点,该安置方式不再受土地资源及地域的限制,有效地化解了土地资源匮乏、造地成本高、环境因素敏感等问题,在使移民种植业收入得到保障的同时,又释放了大量劳动力,为拓宽移民增收途径创造了条件;试点成功后,逐步在阿坝州、乃至四川全省土地资源相对匮乏的涉藏地区范围内进行了推广应用。对于有一定技术特长的移民,可采取自行安置方式(自谋职业、投亲靠友等)方式,通过技能培训、就业培训,提升其从事二三产业的技能,增加收入;对于年长、劳动能力不足的移民,可采取养老保障方式。因地制宜地进行多渠道、多路径的生产安置,有效解决了传统有土安置方式土地资源缺乏的难题,更增加了移民创收途径,有利于移民生活水平的快速恢复。

(2)衔接行业规划、尊重移民意愿进行搬迁安置。四川涉藏地区宗教文化浓厚,且教派较多,相互之间有一定的排他性,在前期规划时应充分考虑移民和安置区宗教文化信仰和习俗,并征求移民和安置区居民点的意愿,确保移民安置后与当地群众有较高的融合度,以维护社会稳定。随着经济社会的不断发展,新农村建设、幸福美丽家园、乡村振兴等相关政策的出台,移民对其居民点新址规划有着更高的要求和期望。居民点规划应遵循"可持续发展,与资源综合开发利用、生态环境保护相协调,因地制宜,统筹规划"的原则,结合涉藏地区丰富的旅游资源(自然风光、红色教育、民俗风情等)和得天独厚的产业发展条件,有机结合区域行业规划（尤其是旅游规划和产业规划），并在多渠道筹措利用相关专项资金的情况下，充分将移民居民点空间规划布局、基础设施规划设计等融入所在地区域发展规划和定位，并在后续的房屋建筑规划设计中体现民族民俗特色。

5.3　补偿项目和标准确定

补偿补助项目及标准确定直接关系到移民的切身利益，是水利水电工程建设前期工作的重要内容，也是项目参与各方关注焦点。通过在建、已建涉藏地区水电移民安置实际情况分析，在确定涉藏地区补偿补助项目及标准时，采取深入调查、了解民族风俗习惯，结合当地实际，合理确定补偿补助项目，并采取典型测算分析确定补偿标准的方法，能够较为全面地保障涉藏地区移民的合法权益，得到了移民和地方政府的认可，安置效果较好。

（1）结合区域特色合理确定补偿项目。涉藏地区因其鲜明的民族特征以及特殊高寒的地理环境，使得其存在大量有别于其他地区的实物指标，例如藏式结构房屋、藏式装修、寺院、转经房（洞科）、嘛呢堆、水转经、佛塔、经幡等。合理确定补偿项目，做到不遗不漏，充分保障移民的合法权益。可通过采取现场调查的方法，全面记录不同实物指标的特征、尺寸，并充分了解实物对象的功能与作用，以及相关的风俗习惯，在全面调查收集实物对象的相关资料后，提出补偿项目。

（2）采取典型测算合理确定补偿标准。涉藏地区水电工程涉及的实物指标，与汉族地区相比较，在房屋结构、房屋装修、宗教活动场所等方面存在较大差异，具有特殊性，需要针对这些特殊的项目提出合理的补偿补助标准。通过选取典型，测算重置房屋、宗教活动场所等费用来分析确定相关补偿补助标准是一种可行性较高、移民接受程度高的方法。在进行补偿标准测算分析时，除了考虑结构、材料、面积等基本因素以外，还应考虑相关的宗教仪式仪轨活动费用等。

5.4　移民工程建设管理

（1）确定适宜的移民工程管理模式。对于一些规模小、技术难度不大的项目，宜采取自建模式；对于规模大、技术难度大的项目，宜采取代建或总承包模式，有效保障工程建设质量和进度。

采取工程总承包模式中的设计施工总承包管理模式，工程由设计施工总承包单位全程、全面负责，工期目标具有较高的保证性；设计与施工能够更好地配合，工程质量、工程投资能够得到较好的控制。移民工程采用设计施工总承包管理模式合同关系相对简单，合同双方责任和义务明确，有利于发包人的合同管理与工程管理。设计施工总承包单位从整体上考虑设计、施工全过程，对工程中的问题进行及时处理，设计方案与施工方案紧密接合，可以让设计、采购、施工各个阶段互相搭接，减少三个阶段间的时间浪费。立体设计单位开展工程总承包更有利于衔接各阶段设计成果；有利于提升项目可行性研究和初步设计深度，实现设计、采购、施工等各阶段的深度融合，提高工程建设水平；有利于发挥工程总承包企业的技术、管理、资源整合优势，服务于项目实施；有利于社会总资源的高效利用和集约发展，更好地落实高质量发展战略。

（2）建立健全的项目管理组织机构。在代建、总承包等建设管理模式下，应建立健全项目管理组织机构（见图5.1），以促进移民工程建设项目管理体系有效运转。

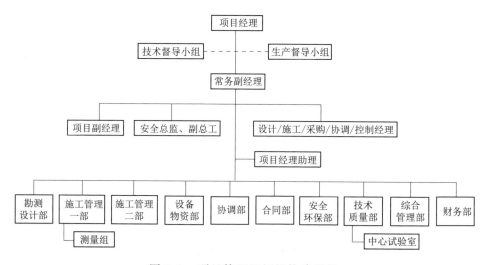

图 5.1　项目管理组织机构建议图

1）建议设置项目经理、常务副经理、项目安全总监、项目副经理、项目总会计师、项目总工程师，协调经理、施工经理、控制经理、采购经理。

2）建议建立下设部门：勘测设计部、施工管理部、设备物资部、协调部、合同部、安全环保部、技术质量部、综合管理部和财务部，并将随工程进展适时调整机构和部门的设置，实行动态管理。

5.5　移民安置实施管理

（1）提前锁定移民安置意愿。在确定移民安置方案前锁定移民安置意愿，避免移民因为主观因素而改变安置方式的想法，是四川涉藏地区移民安置前期规划的重难点。在规划设计阶段相关补偿补助标准未出台，移民缺乏对安置效果的直观认识，造成在实施阶段出现移民要求改变安置方式的情况，导致原规划的安置方案难以实施。为避免移民意愿反复，顺利完成移民安置意愿征求工作，可通过采取组织移民代表实地参观上下游已建的居民点/居住区，或利用规划效果图、模型进行展示等方式，增加移民的直观认识；也可参照流域近期核准电站的补偿标准，提出农村移民补偿临控方案，使得移民户初步了解相关补偿补助项目及费用，促使移民户在规划设计阶段选择适合自身条件的安置方式。

（2）细化移民人口界定办法。涉藏地区水电站移民人口界定办法主要由市（州）、县级人民政府会同项目法人、综合设计、综合监理等相关单位依据《大中型水利水电工程建设征地补偿和移民安置条例》（国务院令第679号）、《中华人民共和国户口登记条例》、《中华人民共和国土地管理法》、《水电工程建设征地移民安置规划设计规范》（NB/T 10876—2021），以及发布的停建通告和审定的移民安置规划、实物指标调查细则等制定。移民人口界定截止时间根据电站工程建设实际并结合移民安置进度情况选择统一确定截止时间，或根据不同的安置方式、居民点建设情况分别确定移民人口界定时间，做到相对公平。严格控制新增界定人口，以是否为"集体经济组织成员"为标准落实生产安置人口界定范围及对象；以"户籍在建设征地区"和"主要生活居住房屋"在建设征地范围两个准则审核新增搬迁安置人口。

（3）严格设计变更管理。由于移民安置工作时间跨度长、国家和省政策调整、物价变化、地方政府意见和移民安置意愿变化、衔接地方行业发展等因素，审批规划设计成果需要开展设计变更以满足移民安置规划实施。设计变更处理涉及移民搬迁安置、生产安置、集镇迁建、专业项目处理、企事业单位处理、宗教设施处理、水库库底清理等多个方面，在移民安置实施中，相关各方应按照国家和省有关政策规定，按照重大设计变更、一般设计变更、协调处理、进度问题、工作问题等类型进行分类处理。依法依规履行设计变更程序，分类分项积极推进设计变更工作，应严格审批设计变更内容，坚决抵制随意扩大规模、提高标准等现象，严把咨询审查审批关，坚持依法依规、科学合理的"底线思维"不动摇。

（4）优化移民资金管理。近年来，随着移民安置工作规范化，移民资金管理工作也在不断完善，一是严格以审定的移民安置规划报告和年度资金计划文件作为移民资金拨付、使用的依据；二是采取移民工程代建方式，根据项目法人与省级移民管理机构签订的移民安置协议由项目法人直接拨付移民工程资金到代建管理单位，缩短了资金拨付的流程，降低了资金成本，加快了工程进度；三是四川涉藏地区水电工程移民生产安置普遍采用逐年补偿生产安置方式，项目法人不需要将耕（园）地补偿费用一次性拨付到位，而是按照耕（园）地年产值标准逐年拨付，降低了水电工程建设财务成本，有利于水电项目建设。

（5）全力推进移民工程验收与移交。各单项移民工程均有各自行业不同的验收要求，需要政府统筹安排，扎实做好事前、事中和事后几个阶段工作。事前需做好与权属单位的沟通协调和约定，事中加强实施联动管理，事后完善验收有关资料等工作。地方政府应高度重视移民工程验收工作，提前谋划，有条件的情况下成立移民工程验收专班，由分管县领导牵头负责，全权协调移民工程验收工作中出现的各种问题，有力推动验收工作开展；应注重移民工程档案资料的收集整理工作，按照档案管理有关规定要求完备文档资料；协调质量安全监督部门全程参与，有力推动项目保质保量实施完成，为顺利验收移交创造条件，促进移民工程早日依法合规投入运行。

5.6　宗教活动场所的恢复与重构

（1）合理确定宗教活动场所选址。藏传佛教信众均居住在寺院的服务范围内，寺院等宗教活动场所已深度融合在涉藏地区民众的日常生活中，与当地村民关系紧密。宗教活动场所以及寺院迁建新址的确定，既要避免信众分散安置后不能得到所需的宗教服务的问题，又要避免由于供施关系变化导致寺院难以生存的问题；既要考虑到宗教活动场所以及寺院的地质条件是否适于建造，又要兼顾信众从事宗教活动的距离远近。因此，需要广泛听取僧侣、信众以及政府的意见，在分析宗教活动场所以及寺院各个选址方案对供养关系、宗教网络影响的基础上，统筹规划，结合当地的交通状况、地理位置等要素，综合比较确定迁建新址，以满足宗教活动场所及寺院和信众共同依存、共同发展的目的。

（2）推荐寺院采用统一规划、自主建设模式。寺院迁建是移民工作中的特殊问题，寺院迁建涉及宗教习惯和民风民俗，关系地方社会稳定和信教群众利益。当前寺院迁建相关政策和技术标准尚未出台，从两河口水电站寺院处理的实践看，寺院迁建是四川涉藏地区移民安置工作的重难点。对于寺院迁建过程中的迁建新址、迁建方案、补偿方式、补偿费用等问题，属于民族地区、宗教事务的特殊问题，各方要深入调查和研究，本着尽可能解决合理诉求，但又不突破、不影响国家和省级政策规定的原则，提出处理方案。可通过以实物为基础，考虑宗教仪式仪轨活动的方式确定补偿费用，政府与寺院签订寺院迁建协议，采取"寺院自建，包干使用"模式，通过各方共同监督，高效推进寺院搬迁工作，保障社会稳定。

5.7 后续发展

后期扶持实施的目的是"为帮助水库移民脱贫致富，促进库区和移民安置区经济社会发展，保障新时期水利水电事业健康发展，构建社会主义和谐社会。"从后期扶持政策颁布实施至今，从侧重于实施"五小产业"（小种植、小养殖、小加工、小餐饮、小买卖）来解决移民"五难问题"（吃水难、行路难、用电难、就医难、上学难），到充分结合美丽乡村建设，直至"十四五"将后期扶持项目实施规划融入乡村振兴战略，都是后扶政策紧跟国家宏观政策的直接体现。从涉藏地区水电工程移民后期扶持历程来看，适时调整后期扶持政策导向、完善后期扶持政策实施方案是取得成效的关键措施。我国总体上已进入统筹城乡发展、以工促农、以城带乡的发展阶段，有必要也有能力加大对水库移民的后期扶持力度。

（1）科学编制水库移民后期扶持规划。后期扶持规划的编制要根据各移民安置区的实际情况，重点向形成系统产业的方向进行转移，确定一个区域的工厂化和规模化的种植业、养殖业、加工业等，同时与地方政策和招商引资相结合，形成系统的、长久的发展体系，做到既能带动区域的发展，又能解决剩余劳动力。

（2）加强移民后期扶持资金和项目管理。对移民后期扶持资金项目实行全覆盖、常态化的监管，真实完整填报项目基本情况和前期工作审批、项目实施、资金拨付等情况。同时要做好项目移交后的跟踪管理工作，加强运行管护，确保项目实施效果得到巩固，发挥项目的长期稳定效益。

（3）统筹兼顾发挥整体经济效益和社会效益。工作重心应该是从推动水库移民产业升级发展、加强水库移民创业就业培训、加快水库移民美丽家园建设等方面强化后期扶持力度，重点突出生产项目扶持，调整项目扶持工作方式，加大生产开发项目投资比例，保障项目效益；将后扶规划与地方发展规划相衔接，将后扶资金与地方资金真正结合统筹考虑，将移民发展纳入区域发展等方面进行改善，最终建立完善促进经济发展、移民增收、生态改善、社会稳定的长效机制，不断满足水库移民日益增长的美好生活需要。

第 6 章

移民安置探索

6.1 探索前置工作顺序，促进移民意愿锁定

（1）补偿标准测算工作前置。四川省发布了地上附着物补偿标准、区片综合地价等补偿标准文件，各新建电站均执行该标准，与移民自身利益息息相关的房屋、附属设施、零星林木、土地等的补偿标准已基本明确，可在意愿征求时向移民宣传。需要在移民安置规划中明确的是分散安置新址场平和基础设施人均费用标准，可在实物指标调查后期开展典型测算工作，并结合流域上下游梯级在建项目的情况初步拟定标准，邀请技术审查单位对测算成果进行咨询后，在移民搬迁安置意愿征求时向移民进行初步宣贯。该项工作前置后，移民可根据自身实物量及自身特长，在初步判断补偿费用高低的情况下，确定选择集中安置还是分散安置。因此，将补偿标准测算工作前置到移民安置方案确定前，有助于移民安置意愿的选择，有利于减少后期移民意愿的变化。

（2）城集镇或居民点规划布局工作前置。在移民安置规划大纲工作过程中，设计单位可完成拟选城集镇或居民点新址的规划布局、配套基础设施和公共服务设施方案总体规划工作，提出比选新址的总体布局成果和展示效果图作为移民搬迁安置方式征求意见的参考，使移民在选择安置方式时，对城集镇或居民点的呈现效果、优缺点有直观感受，避免在移民安置方案确定后或者在城集镇或居民点建设后，因建设效果达不到移民预期效果而拒绝搬迁，或居民点建设效果超出移民预期而要求集中安置等调整安置意愿的情况。

6.2 探索完善政策边界，推广逐年货币补偿方式

（1）解决法律依据问题。虽然《水电工程农村移民安置规划设计规范》（NB/T 10804—2021）将逐年货币补偿安置方式纳入了行业规范，填补了技术标准的空白，但国家法律法规层面未出台相关文件，特别是水电工程土地报件在自然资源系统遇到较大阻碍，鉴于该安置方式在四川省涉藏地区水电工程已大量践行，且实施效果较好，建议下一步共同研究解决逐年货币补偿安置方式的政策支撑问题，从自然资源部门层面予以支持。根据土地管理相关法规要求，结合各省份实施经验，建议可采用对征收土地进行全额依法补偿后由移民自行决定将土地补偿费用纳入逐年货币补偿费用中的额度，委托项目法人或者地方政府管理，由管理单位按照委托合同逐年进行兑付的方式，从而解决法律依据问题。

（2）完善实施操作政策。从四川省涉藏地区水电移民安置实践情况看，逐年货币补偿方式在水电工程建设期对解决耕（园）地资源不足的问题，促进移民尽快安置是有益的，但不同省份、不同地区、不同流域的项目仍存在实施边界条件不统一、补偿政策不统一，以及后续资金保障存在风险等问题。建议下一步结合各省区实施经验，开展专题研究工作，明确逐年货币补偿安置方式具体实施政策，主要包括补偿对象、补偿范围、安置标准、资金运作管理模式、土地补偿费使用完后的后续资金来源保障等。

6.3 探索衔接行业要求，推动基础设施建设

（1）交通复建规划跟行业规划衔接。交通复建工程是涉藏地区水电项目建设征地移民安置涉及的主要专业项目，一般费用占比较大；在项目实施过程中，大多数地方政府希望借着水电工程建设的契机，提高交通复建工程的标准，促进地方经济社会发展；因此，交通工程的复建标准和规划是各方长期博弈的一个焦点。建议以后的水电移民安置规划拟定的交通复建规划与行业中长期发展规划进行衔接，各方加强沟通，统筹规划、投资分摊，即满足水电移民相关规程规范，又与地方实际行业规划有效衔接，避免国家资金浪费，真正带动地方经济发展。

（2）居民点规划与旅游发展规划相结合。水电移民安置居民点规划需执行国家关于水电移民行业等相关行业的相关标准和规定，主要从解

决移民的居住问题的角度进行规划布局。随着经济社会的发展，在具备发展旅游产业的条件的区域，为促进移民后续产业的发展和拓展就业渠道，设计单位对居民点规划应预留发展空间，为移民从事旅游产业奠定基础。为使移民能"搬得出、稳得住、能发展、可致富"，促进地方经济社会发展，建议探索在移民安置居民点规划时与当地旅游规划相结合，具备旅游发展条件的居民点，地方政府应提出明确的旅游产业发展规划，落实旅游配套资金，才能在居民点规划时，做到空间布局规划适应旅游产业发展需求，基础设施和公共服务设施规划规模衔接旅游发展功能需求，房屋建设进行统一设计，充分利用地形地貌，灵活组织建筑群体，根据当地民居院落和街巷肌理的组织形式进行建筑空间组合，体现地域文化和民族文化特征。

（3）整合行业资金统筹建设。为了实现移民安置项目与地方发展项目的统筹规划、统筹建设，有效整合国家资金，促进地方经济社会发展，建议探索整合行业资金统筹实施移民工程项目建设，对交通等基础设施行业的建设资金与水电工程专业项目复建资金进行统筹使用，增强资源配置合理性，集中力量办大事，形成各方共赢的局面，使国家在基础设施行业投入的资金利用最大化。

6.4　探索制定实施细则，推动水电开发利益共享

《关于做好水电开发利益共享工作的指导意见》（发改能源规〔2019〕439号）从完善移民补偿补助、尊重当地民风民俗和宗教文化、提升移民村镇宜居品质、创新库区工程建设体制机制、拓宽移民资产收益渠道、推进库区产业发展升级、强化能力建设和就业促进工作、加快库区能源产业扶持政策落地等方面提出建立利益共享机制的要求。文件中每一个要求都是一项值得深入分析研究的议题，需要进一步研究分析具体实现路径、保障措施与组织措施。大中型水电工程涉及相关方的利益关系复杂，建立利益相关方之间的利益共享机制，是实现水电可持续开发、移民逐步致富、地方经济逐步发展的有效途径。各利益方责任分担、利益共享，才能实现水电效益与群众利益、地方经济和社会效益的有机结合。

（1）完善移民补偿补助体系，提升移民搬迁主观能动性。统筹原有房屋与安置地新建房屋的建设条件和建设要求，分析新建房屋合理成本，科学确定房屋补偿标准，保障农村移民居住权和合法的住房财产权益，科学制定移民搬迁方案，合理计列搬迁补助费用，完善农村移民宅基地处理方

式，因地制宜拟定激励方案，鼓励移民加快搬迁进度，必要时可增列移民安置激励措施补助，提升移民搬迁安置的主观能动性，实现早搬迁、早生产、早致富。

（2）提升移民村镇宜居品质，落实乡村振兴战略。根据地方经济社会发展规划要求，充分利用水库蓄水形成的景观，结合国土空间规划编制和实施，合理布局迁建移民村庄、集镇新址，提升移民村庄、集镇迁建宜居环境，完善基础设施配置，加强风貌管控，改善库区城乡建设面貌，妥善解决移民村庄集镇新址选址、建设用地、安全饮水等基础条件，全面提升移民生活品质，对农村移民村庄、集镇的公共服务设施和整体风貌建设予以适当补助。

（3）拓宽移民资产收益渠道，促进移民增收。要合理使用移民征地补偿补助费用，有条件的地区要优先为移民配置土地，维护移民合法土地权益。土地资源匮乏地区，在足额支付征地补偿费用，充分尊重被征地移民意愿的前提下，可因地制宜采取多渠道、多途径安置政策予以安置，减轻土地筹措压力，发挥资源优势。

（4）推进库区产业发展升级。要统筹移民安置规划、后续产业规划，与库区生产发展、产业升级做好衔接，促进移民就业增长和持续增收，结合当地现有的和电站建成后形成的产业发展基本条件及资源禀赋，推动旅游等相关产业的发展，实现产业发展升级，拓展移民就业渠道，促进移民增收。

（5）落实库区能源产业扶持政策。要结合国家双碳目标，结合库周资源及居民点建设推进分布式光伏等可再生能源发展，在保证移民用电的同时，促进地方经济发展，提高移民生活水平。

（6）完善电力外送销售政策，增强电站造血功能。要实现利益共享，需要电站能持续产生效益，因此，建议探索建立促进水电消纳的激励机制，完善水电电价形成的价格机制，对实行利益共享的水电站所发电量全额保障消纳；加快水电外送输电通道建设进度，扩大水电电力市场消纳范围等政策的研究制定；建议探索建立健全工作机制，制定具体政策措施，出台水电开发支持政策及水电消纳保障等相关配套措施，增强造血功能以保障利益共享电站经济效益，使电站具备利益共享的基本条件。

6.5　探索完善政策机制，推动移民工程验收移交

（1）明确工程竣工移民安置验收时限要求，纳入政府考核。目前，

全国大中型水电工程竣工移民安置验收工作尚处起步阶段，已完成工程竣工移民安置验收的大中型水电项目较少。截至 2023 年年底，四川省完成的 25 万 kW 及以上水电站工程竣工移民安置验收的工程仅有龙头石、官地、沙坪二级、江边和金窝 5 座水电站，尚有 30 个在建水电站需要完成工程竣工移民安置验收工作。移民安置验收未完成，将影响整个工程的竣工验收。在移民安置工作完成后，地方政府对于单项工程的竣工验收以及移民安置验收缺乏积极性，加之担心工程竣工验收后项目法人单位不再配合开展相关工作等原因，工程竣工移民安置验收工作滞后。建议探索出台相关政策文件，明确水电工程竣工移民安置验收时限要求，强化政府执行力，将移民安置验收工作纳入政府考核体系，加快推动电站工程竣工移民安置验收工作，为水电工程完成基本建设程序、依法合规运行创造条件。

（2）推广"四个清单"工作模式，促进遗留问题解决。工程竣工移民安置验收是一项复杂的工作，因移民工作时间跨度长，从事具体工作的人员变动大，在工程建设、资金管理、档案管理等方面往往存在一些遗留问题。遗留问题不及时解决，将制约工程竣工移民安置验收。建议探索推广工作清单、任务清单、问题清单、责任清单机制，梳理工作和任务清单，明确制约的问题，落实各方职责和责任，各方通过例会和协调会等方式梳理、解决移民工程竣工验收及移交中的遗留问题。

6.6 探索高效工作机制，促进移民工作高质完成

（1）探索建立以省、市（州）、县、项目法人、设监评单位移民安置实施工作会商机制，优化设计变更程序和工程竣工移民安置验收办法。移民安置、移民安置验收工作是水电工程重要组成部分，移民安置的进度、质量以及专项验收等直接影响水电工程节点目标实现以及水电工程安全生产。一方面，在涉藏地区水电工程移民安置实施中，移民自身思想转变等导致安置意愿发生变化后引发安置方案变更；加上涉藏地区水电工程地处高山峡谷，地形地质复杂，移民工程项目在实施中也时常会发生变更；同时涉藏地区大部分高寒积雪，自然气候与交通运输条件较差，移民安置及移民工程建设有效工期较短，机械设备降效，实施进度存在滞后现象。因此，应优化设计变更立项、设计文件审批等的流程，为涉藏地区移民安置工作争取时间，保障移民安置高效、高质量完成。另一方面，工程竣工验收是水电工程必须完成的基本建设程序，是水电行业安全生产的要求，而移民

安置验收是水电工程竣工验收的八大专项验收之一，只有完成移民安置验收才能开展水电工程竣工验收。截至 2023 年年底，全国及四川省内完成水电工程竣工移民专项验收的项目较少，四川省涉藏地区大型水电工程移民安置验收仍处于起步阶段，应优化移民安置专项验收办法，促进工程建设阶段性移民安置验收及工程竣工移民安置验收，维护移民合法权权益，保障水电工程安全生产。

（2）研究实施阶段项目法人参与及推动移民工程建设机制，促进移民工程建设。由于四川涉藏地区水电工程所处地理位置、地形地质、自然气候、基础设施等因素，移民工程建设地质条件复杂、气候环境恶劣、运输条件困难、有效工期较短、机械设备降效等对移民工程建设管理提出新的挑战。水电工程项目法人长期从事大型基础设施项目建设管理，在工程技术、管理协调能力等方面积累了丰富经验，因此，在实施阶段应研究完善移民工程代建管理机制，签订相关协议明确各方责权利以及移民工程用地、验收移交等事项，充分发挥项目法人工程建设管理经验，参与移民工程实施，确保移民工程按期、高效、高质量完成。

（3）探索移民设计、监理建立后方智囊团，为移民安置工作保驾护航。涉藏地区水电移民安置起步较晚，现场实施各方对涉藏地区移民安置工作认识有限、经验较少，在移民安置及移民工程建设期间，技术服务要先行，探索建立移民设计与移民监理联合建立后方智囊团队，为移民安置各方提供强有力的技术支持，为移民安置工作保驾护航。

6.7 探索预留发展空间，保障移民后续发展

当前形势下，国家农村工作战略工作重点为巩固脱贫攻坚成果，衔接乡村振兴。从四川涉藏地区移民安置工作实践看，少数地区对水库移民后续发展进行了一些规划并实施，取得了一些有益经验，但是移民安置后后续发展乏力仍是普遍现象，特别是无土安置的移民缺少项目依托，后续发展涉及面广，还有许多问题有待研究。为移民后续发展预留空间是涉藏地区移民安置工作的重要探索内容。

为推动移民可持续发展，应探索"造血式"城镇化安置路径，为移民提供就近发展的后续空间。一是打造库区规划"一张图"，建立发展目标、产业结构、集镇、居民点、专业项目在布局与标准等方面的耦合协调机制。二是通过集约用地预留发展空间，城镇化安置提升了土地节约集约利用效益，依托城镇化安置腾退的土地资源、逐年货币补偿安置方式释放的富余

劳动力资源，结合库周旅游、民俗、生态等各类优势资源，打造库周"产住共同体"，激发发展内生动力，为移民后续发展空间提供物质基础。与此同时，统筹多源资金使用，建立涉农资金整合工作制度，鼓励拓宽资金渠道，发挥资金"集中投放、连片建设、综合示范"的统筹效应，为移民后续发展空间提供资金保障。

第7章

结 论 与 展 望

从全国范围来讲，水电开发涉及涉藏地区的省（自治区）主要为四川、西藏和青海，四川涉藏地区移民安置工作近 20 年来积累了一定的经验，西藏自治区正迈进水电开发的高峰期。四川省具备涉藏地区工作的实践经验，但缺乏相应的政策或实施细则；西藏自治区移民安置工作经验相对较少，移民安置政策、实施管理办法也相对较少。本书主要总结了两河口水电站及大渡河流域部分项目移民安置工作的成功经验，结合金沙江流域上游、大渡河流域上游涉藏地区移民安置工作的开展情况，对四川涉藏地区移民安置的全阶段、全方面工作进行了总结，提出了值得推广的经验和值得关注的问题，同时也提出了涉藏地区移民安置探索的方向。

回顾以往，四川涉藏地区水电工程移民安置规划设计工作由浅入深，涉藏地区补偿补助体系逐步建立，安置思路和工作方法不断创新；实施管理工作由粗到细，体制机制建设不断完善，促进了四川涉藏地区移民安置工作的稳步推进，积累了丰富的实践经验和教训，保障了水电工程有序开发建设。但与此同时，资源与环境限制因素较多、针对涉藏地区特殊性而制定的移民安置政策还不够完善、移民规划与行业规划衔接度还不高、移民工程验收和移交困难、民族宗教文化保护与传承措施还不够丰富、移民后续发展空间不足等问题仍然存在。

现阶段，四川水电工程建设已从大渡河流域向雅砻江上游和金沙江上游转移，移民安置工作重心也将随工程建设的推进向涉藏地区腹地转移，岗托、波罗、旭龙、牙根一级、牙根二级、楞古、丹巴等水电项目在未来的开发过程中还将涉及大量涉藏地区腹地移民安置工作。

未来，按照国家农村工作战略目标从脱贫攻坚转移为乡村振兴的新形势新政策要求，不断在理论和实践中研究探索，创新涉藏地区水电工程移民安置方法，将是四川涉藏地区水电工程移民安置工作的主要内容和方向。本书总结了经验，也提出了需要进一步研究的问题，期待在今后的工作中，国家和四川省层面能针对涉藏地区移民安置工作的特殊性制定或细化和完善利益共享实施细则、逐年补偿实施细则、民族宗教文化保护措施、移民安置与后续发展融合办法、移民工程验收与移交要求等移民安置政策法规；规划设计层面能针对涉藏地区移民安置工作的特殊性研究适宜涉藏地区的移民安置方式，完善涉藏地区补偿补助项目体系，提升基础设施和公共服务设施与行业规划衔接融合度，加强移民后续发展规划深度等；实施管理层面不断总结经验和教训，创新工作方法，简化审批流程，推广设计施工总承包建设模式，建立完善的工作协调和沟通机制，加强过程监督和评估，以期推动四川、西藏乃至全国涉藏地区的移民安置工作，提高移民安置工作的效率和效果，最终达到涉藏地区移民"搬得出、稳得住、能发展、可致富"的目标，保障涉藏地区水电工程开发的良好环境。

参 考 文 献

[1] 李丹，郭万侦，刘焕永，等. 中国西部水库移民研究 [M]. 成都：四川大学出版社，2010.

[2] 四川省扶贫和移民工作局，中国电建集团成都勘测设计研究院有限公司. 水利水电工程征地移民政策改革思路研究报告 [R]，2014.

[3] 中国电建集团成都勘测设计研究院有限公司. 大渡河流域水电移民安置实践与管理创新 [R]，2016.

[4] 张谷，刘焕永，郭万侦，等. 中国水利水电工程移民安置新思路 [M]. 北京：中国水利水电出版社，2016.

[5] 张谷，都勤，李庆友，等. 水利水电工程移民安置实施四大关系 [M]. 北京：中国水利水电出版社，2018.

[6] 龚和平，郭万侦，彭幼平，等. 中国水电移民实践经验 [M]. 北京：中国水利水电出版社，2020.

[7] 王奎. 中国水电工程移民关键技术 [M]. 北京：中国水利水电出版社，2021.

[8] 中国电建集团成都勘测设计研究院有限公司. 金沙江上游水电规划报告 [R]，2012.

[9] 耿言虎. 规避风险视角下的移民安置地选择意愿研究——对新疆×电站移民安置案例的考察 [J]. 常熟理工学院学报，2018，32 (4)：81-86.

[10] 李新宇，姚凯文. 水库移民安置意愿及影响因素研究 [J]. 中国农村水利水电，2022 (10)：1-13.

[11] 张鑫，曾晶，高璐，等. 藏区水电工程移民房屋补偿单价分析 [J]. 人民长江，2017，48 (S2)：269-273.

[12] 聂鑫，汪晗，郭洁雯，等. 微观福利视角下的库区移民搬迁意愿调查 [J]. 中国人口·资源与环境，2010，20 (9)：159-164.

[13] 臧敦刚，李方华，蒋远胜. 数字能力与农民收入——基于中国西藏民生发展调查数据 [J]. 西藏大学学报 (社会科学版)，2022，37 (1)：187-197，205.

[14] 何亚丽. 水电工程移民安置点规划设计的探讨 [J]. 水力发电，2012，38 (10)：13-16，46.

[15] 赵蕾. 别样的"靠山吃山"路——四川省甘孜州依托生态资源实现全域脱贫纪略 [J]. 资源与人居环境，2020 (9)：18-19.

[16] 陈强. 浅论藏族风俗习惯与宗教信仰的关系 [J]. 西藏艺术研究，1989 (2)：12-

16，28.

［17］ 李程. 藏族民居建房风俗研究 ［J］. 四川建筑，2015，35（4）：98 - 99.

［18］ 张万奎，王昆. 高山峡谷水库移民点选址及勘察要点 ［J］. 云南水力发电，2015，31（5）：13 - 16.

后　记

在《四川涉藏地区水电工程移民安置实践与探索》课题研究成果的基础上，经过近一年的时间，《新时期水电工程移民安置实践与探索——以四川涉藏地区为例》书稿终于完成了，在此奉献给广大读者，期待得到业内各位专家、学者和同行的指教，更加希望能对涉藏地区移民工作起到些许促进作用。

未来十年是我国水利水电工程又一个快速发展时期，也是我国水利水电移民行业新政策、新规范的实践时期。随着四川涉藏地区大量移民安置工作的完成，广大移民工作者积累了丰富经验，并开展了大量的探索和研究，形成了比较多的研究成果；在此基础上，国家及地方研究制定了一系列的移民法律、法规、政策文件以及规程规范，将我国水利水电移民行业政策技术水平提升到了一定高度，特别是对民族地区的一些特色实物、民风民俗，在移民安置补偿补助费用方面进行了考虑。但总体而言，民族地区特别是涉藏地区移民安置特点和重难点突出，我国移民行业尚缺乏全面、系统的工作梳理和研究。本书对四川涉藏地区移民安置工作特点和重难点进行了深入的探讨，对移民安置工作实践情况进行了系统梳理和总结，也结合实施项目存在的热点问题提出了探索方向和思路，其中部分思路与现行政策发展趋势相吻合，例如前置补偿补助标准测算工作顺序思路已在部分项目得到了体现；其他移民安置工作新思路也将在部分地区逐步得以体现。在制定利益共享实施细则、衔接行业要求、移民工程验收与移交、预留发展空间等方面，本书提出了一些探索思路，但尚需开展更加深入的研究，下一步笔者将继续结合涉藏地区移民工作实际开展研究工作，提出更有价值的成果与广大读者分享。

作者

2024 年 1 月